普·通·高·等·学·校
计算机教育"十二五"规划教材
立体化精品系列

Office 2010

高级应用教程

杨学林 陆凯 主编
高娟 韩凤英 王毅 副主编

U0202766

人民邮电出版社
北京

图书在版编目（CIP）数据

Office2010高级应用教程 / 杨学林，陆凯主编. --
北京 ： 人民邮电出版社，2015.8（2021.6重印）
普通高等学校计算机教育"十二五"规划教材
ISBN 978-7-115-39407-1

Ⅰ. ①O… Ⅱ. ①杨… ②陆… Ⅲ. ①办公自动化－应
用软件－高等学校－教材 Ⅳ. ①TP317.1

中国版本图书馆CIP数据核字(2015)第115220号

内 容 提 要

本书以 Word 2010、Excel 2010 和 PowerPoint 2010 为基础，系统讲述了 Office 2010 中这三大组件在日常办公中的应用。内容主要包括 Office 软件的基本概述；Word 文档的管理、编辑、美化，在文档中使用表格和各种图形对象，长文档编辑，打印文档；Excel 表格数据的输入、编辑、格式化，使用公式和函数计算数据，数据的排序、筛选、分类汇总，图表、数据透视表、数据透视图的操作；PowerPoint 演示文稿和幻灯片基本操作与美化，在幻灯片中输入文本，插入表格、图形对象、声音、影片，设置幻灯片切换方式和幻灯片动画，设置与控制幻灯片放映，打印与发送幻灯片等。

本书内容翔实，结构清晰，图文并茂，每章均以理论知识点讲解、课堂案例、课堂练习、知识拓展和课后习题的结构详细讲解软件的使用。大量的案例和练习可以引领读者快速有效地学习到实用技能。

本书不仅可供普通高等院校本科和独立院校及高职院校 Office 办公相关专业作为教材使用，还可供相关行业及专业工作人员学习和参考。

♦ 主　　编　杨学林　陆 凯
　　副主编　高 娟　韩凤英　王 毅
　　责任编辑　邹文波
　　执行编辑　吴 婷
　　责任印制　彭志环
♦ 人民邮电出版社出版发行　　北京市丰台区成寿寺路 11 号
　　邮编　100164　电子邮件　315@ptpress.com.cn
　　网址　http://www.ptpress.com.cn
　　北京市艺辉印刷有限公司印刷
♦ 开本：787×1092　1/16
　　印张：17.5　　　　　　　　　2015 年 8 月第 1 版
　　字数：435 千字　　　　　　　2021 年 6 月北京第18次印刷

定价：48.00 元（附光盘）

读者服务热线：**(010)81055256**　印装质量热线：**(010)81055316**
反盗版热线：**(010)81055315**

前　言

随着近年来本科教育课程改革的不断发展，以及计算机软硬件日新月异的升级和教学方式的不断发展，市场上很多教材的软件版本、硬件型号、教学结构等方面都已不再适应目前的教授和学习。

有鉴于此，我们认真总结了教材编写经验，用了2~3年的时间深入调研各地、各类本科院校的教材需求，组织了一批优秀的、具有丰富的教学经验和实践经验的作者团队编写了本套教材，以帮助各类本科院校快速培养优秀的技能型人才。

本着"学用结合"的原则，我们在教学方法、教学内容、教学资源3个方面体现出了自己的特色。

教学方法

本书精心设计"学习要点和学习目标→知识讲解→课堂练习→拓展知识→课后习题"5段教学法，激发学生的学习兴趣，细致而巧妙地讲解理论知识，对经典案例进行分析，训练学员的动手能力，通过课后练习帮助学生强化巩固所学的知识和技能，提高实际应用能力。

◎ **学习目标和学习要点**：以项目列举方式归纳出章节重点和主要的知识点，以帮助学生重点学习这些知识点，并了解其必要性和重要性。

◎ **知识讲解**：深入浅出地讲解理论知识，着重实际训练，理论内容的设计以"必需、够用"为度，强调"应用"，配合经典实例介绍如何在实际工作当中灵活应用这些知识点。

◎ **课堂练习**：紧密结合课堂讲解的内容给出操作要求，并提供适当的操作思路以及专业背景知识供学生参考，要求学生独立完成操作，以充分训练学生的动手能力，并提高其独立完成任务的能力。

◎ **拓展知识**：精选出相关提高应用知识，学生可以深入、综合地了解一些提高应用知识。

◎ **课后习题**：结合每章内容给出大量难度适中的上机操作题，学生可通过练习，强化巩固每章所学知识，从而温故而知新。

教学内容

本书的教学目标是循序渐进地帮助学生掌握Office办公软件的相关知识，具体包括掌握Word 2010、Excel 2010和PowerPoint 2010的相关操作，以及3个软件协同使用提高办公效率的方法。全书共14章，可分为如下几个方面的内容。

◎ **第1章~第4章**：主要讲解Office软件和Word 2010的操作，包括Word 2010操作界面的组成、管理文档、编辑文档、美化文档、在文档中使用表格和各种图形对象、长文档编辑、样式的使用、制作页眉页脚、创建目录和索引、打印文档等内容。

◎ **第5章~第8章**：主要讲解Excel 2010的操作，包括Excel 2010操作界面的组成、输入表格数据、编辑表格数据、格式化表格数据、使用公式和函数计算数据、常用函数应用、排列数据、筛选数据、分类汇总数据、图表基本操作、美化图表、创建数据透视表和数据透视图等内容。

◎ **第9章~第12章**：主要讲解PowerPoint 2010的操作，包括演示文稿基本操作、幻灯片基本操作、美化演示文稿、输入与设置文本、插入表格和图形对象、插入声音和影片、添加幻灯片切换方式、设置幻灯片动画、设置幻灯片放映、控制幻灯片放映、打印与发送幻灯片等内容。

◎ **第13章**：主要讲解Word 2010、Excel 2010和PowerPoint 2010三大组件的数据交互使用的各种操作。

◎ **第14章**：以一个综合案例为例，通过实例目标、专业背景、实例分析和制作过程进行立体化介绍，详细讲解了使用Office各组件完成办公文件制作的方法。

 教学资源

提供立体化教学资源，使教师得以方便地获取各种教学资料，丰富教学手段。本书的教学资源包括以下3方面的内容。

（1）配套光盘

本书配套光盘中包含书中实例涉及的素材与效果文件、各章节课堂案例及课后习题的操作演示动画以及模拟试题库三个方面的内容。模拟试题库中含有丰富的关于Office软件的相关试题，包括填空题、单项选择题、多项选择题、判断题、操作题等多种题型，读者可自动组合出不同的试卷进行测试。另外，还提供了两套完整模拟试题，以便读者测试和练习。

（2）教学资源包

本书配套精心制作的教学资源包，包括PPT教案和教学教案（Word文档格式的备课教案），以便老师顺利开展教学工作。

（3）教学扩展包

教学扩展包中包含方便教学的拓展资源以及每年定期更新的拓展案例两个方面的内容。其中拓展资源包含Office教学素材和模板、Office常用快捷键及Office精选技巧等。

特别提醒：上述第（2）、（3）教学资源可访问人民邮电出版社教学服务与资源网（http://www.ptpedu.com.cn）搜索下载，或者发电子邮件至dxbook@qq.com索取。

本书由杨学林、陆凯任主编，高娟、韩凤英、王毅任副主编。其中，杨学林负责编写第1章~第3章，陆凯负责编写第4章、第5章和附录，高娟负责编写第6章~第8章，韩凤英负责编写第9章~第11章，王毅负责编写第12章~第14章。虽然编者在编写本书的过程中倾注了大量心血，但恐百密之中仍有疏漏，恳请广大读者及专家不吝赐教。

编者
2015年4月

目　录

第1章

Office基本概述和Word基本操作

　　本章将首先对Office 2010各常用组件做一个大概的了解认识，然后将主要对Office 2010的启动与退出、Word 2010操作界面的组成、Word文档的各种基本管理方法进行介绍。通过本章学习，可以知道启动与退出Office 2010各组件的方法，并掌握Word文档的新建、保存、打开、关闭、加密等操作。

 学习要点

◎　Office各组件简介
◎　启动与退出Office 2010
◎　使用Office 2010帮助系统
◎　Word 2010操作界面组成
◎　自定义操作界面
◎　新建文档
◎　保存文档
◎　打开与关闭文档
◎　加密文档

 学习目标

◎　掌握启动与退出Office 2010的方法
◎　熟悉Word 2010的操作界面组成与自定义操作界面的方法
◎　掌握Word文档的各种基本操作方法

1.1 Office的基本概述

Office是Microsoft公司开发的办公软件套装，包含当前流行的办公软件。下面将对Office办公软件的知识进行简要介绍。

1.1.1 Office各组件简介

不同版本的Office办公软件包含的组件也各不相同，但其中的几大主要组件是始终存在的，如Word、Excel、PowerPoint、Access等。下面将以Office 2010为例，简要介绍其中的三大组件，即Microsoft Word 2010、Microsoft Excel 2010和Microsoft PowerPoint 2010。

◎ **Microsoft Word 2010**：简称Word 2010，主要用于文本处理工作，可创建专业水准的文档，更能轻松、高效地组织和编写文档，其主要功能包括：强大的文本输入与编辑功能、各种类型的多媒体图文混排功能、精确的文本校对审阅功能，以及文档打印功能等。

◎ **Microsoft Excel 2010**：简称Excel 2010，是一个功能强大的电子表格软件，它广泛应用于财务、金融、经济、审计、统计等众多领域。其主要功能包括：数据的输入、统计、分析、计算等。

◎ **Microsoft PowerPoint 2010**：简称PowerPoint 2010，是一款演示文稿制作与设计软件，演示文稿可简单地理解为可观看的具有动态演示性质的文稿。其主要功能包括：幻灯片的管理和编辑、多媒体对象的编辑、版式与主题风格的设计、切换效果与动画效果的设置，以及演示文稿的放映、打印、发送等。

知识提示　　　　除上述三大组件外，Office办公软件还包括Access数据库管理软件、Outlook邮件收发与管理软件等组件。

1.1.2 启动与退出Office 2010

启动与退出Office 2010是指启动和退出其中的某种组件，由于都是Office 2010的组件，因此其启动和退出方法是完全相同的，下面分别介绍启动和退出的具体操作。

1. 启动Office 2010

启动Office 2010的方式有很多，下面以启动Word 2010为例对常用的几种方法进行介绍。

◎ **通过"开始"菜单启动**：单击桌面左下角的"开始"按钮，在弹出的"开始"菜单中选择【所有程序】→【Microsoft Office】→【Microsoft Wrod 2010】菜单命令，如图1-1所示。

◎ **通过桌面快捷启动图标启动**：双击桌面上相应组件的快捷启动图标可启动相应的组件。创建桌面快捷启动图标的方法为：在"开始"菜单中的【所有程序】→【Microsoft Office】→【Microsoft Word 2010】菜单命令上单击鼠标右键，在弹出的快捷菜单中选择【发送到】→【桌面快捷方式】命令，如图1-2所示。

◎ **双击文档启动**：若电脑中保存有某个组件生成的文档，双击该文档即可启动相应的组件并打开该文档。

图1-1　利用"开始"菜单启动Word 2010　　　　　　图1-2　创建Word 2010桌面快捷启动图标

2. 退出Office 2010

退出Office 2010某个组件的方法也有多种，下面同样以退出Word 2010为例进行介绍。

◎ 在Word 2010操作界面中选择【文件】→【退出】菜单命令。

◎ 单击标题栏右侧的"关闭"按钮 ❌ 。

◎ 确认Word 2010操作界面为当前活动窗口，然后按【Alt+F4】组合键。

◎ 单击标题栏左端的控制菜单图标 W ，在弹出的下拉列表中选择"关闭"选项，或直接双击该控制菜单图标。

1.1.3　使用Office 2010帮助系统

Office 2010提供了一套帮助系统，以解决在使用Office的过程中遇到的一些无法处理的问题。以Word 2010为例，打开帮助系统的方法为：选择【文件】→【帮助】菜单命令，并在右侧界面中选择"Microsoft Office帮助"选项，此时将打开"Word 帮助"窗口，如图1-3所示，其中部分参数的作用分别如下。

图1-3　打开Word 2010帮助窗口

◎ **"搜索"文本框**：在该文本框中可输入需要搜索的帮助信息，一般情况下输入某种关键字，以便搜索到更多符合需要的结果。如需要搜索关于一些插入表格的方法和技巧,则可输入关键字"插入表格"。

◎ 搜索按钮:在左侧文本框中输入关键字后,便可单击此按钮进行搜索,如果有符合的内容,则将显示到下方的列表框中。单击该按钮右侧的下拉按钮▾,可在弹出的下拉列表中选择搜索的范围,一般可选择"所有Word"或"Word帮助"选项来设置搜索范围。

◎ "显示目录"按钮◎:单击工具栏中的此按钮,并将搜索范围设置为"来自此计算机的内容"栏下的"Word帮助"选项,此时将显示提供的Word帮助目录,根据需要依次展开目录层级,并单击相应的帮助链接,便可在右侧界面中查看相应的帮助内容,如图1-4所示。

图1-4　通过目录查找帮助内容

1.1.4　课堂案例1——启动并使用Word帮助

通过桌面快捷启动图标启动Word 2010,并利用提供的Word帮助窗口(来自Office.com的内容)查询加密文档的操作,完成后关闭帮助窗口并退出Word 2010。

视频演示　　　光盘:\视频文件\第1章\启动并使用Word帮助.swf

(1)在桌面上双击"Microsoft Word 2010"桌面快捷启动图标▥,如图1-5所示。

(2)启动Word 2010,选择【文件】→【帮助】菜单命令,然后在右侧界面中选择"Microsoft Office帮助"选项,如图1-6所示。

图1-5　双击快捷启动图标

图1-6　启动帮助系统

（3）打开"Word帮助"窗口，在"搜索"文本框中输入"加密文档"，单击 搜索 按钮右侧的下拉按钮，在弹出的下拉列表中选择"来自Office.com的内容"栏下的"Word帮助"选项，如图1-7所示。

（4）单击 搜索 按钮，如图1-8所示。

图1-7　输入搜索内容并设置搜索范围

图1-8　开始搜索帮助内容

（5）待搜索完成后，单击下方列表框中的第1条帮助超链接，如图1-9所示。

（6）显示并查看相关的帮助内容，如图1-10所示。完成后依次单击"Word帮助"窗口右上角的"关闭"按钮 ✖ 和Word 2010操作界面右上角的"关闭"按钮 ✖ 。

图1-9　选择帮助结果

图1-10　查看帮助内容

1.2　设置Word 2010操作界面

操作界面的概念有广义和狭义之分。广义的操作界面是指某样事物面向外界而展示其特点及功用的组成部分的界面；狭义的操作界面是指软件中面向操作者而专门设计的用于操作使用及反馈信息的指令部分，这也是本书所指的操作界面的概念。下面重点介绍Word 2010操作界面的组成和设置方法，以便能更好地使用该软件进行后面的各种文本编辑操作。

1.2.1　Word 2010操作界面组成

Word 2010的操作界面主要包括标题栏、功能区、文档编辑区、状态栏等组成部分。

1. 标题栏

标题栏位于操作界面最上方，从左至右包括窗口控制图标、快速访问工具栏、文档标题显示区和窗口控制按钮组，如图1-11所示。下面分别进行介绍。

◎ **窗口控制图标**：该图标主要用于控制操作界面，单击该图标后，可在弹出的下拉列表中选择相应选项来执行对应操作。

◎ **快速访问工具栏**：该工具栏默认为3个按钮，分别用于保存文档、撤销操作、恢复操作。快速访问工具栏的作用主要是将常用的按钮集中到此，以方便操作。

◎ **文档标题显示区**：该区域主要用于显示当前Word文档的名称。

◎ **窗口控制按钮组**：用于控制操作界面。当操作界面处于非最大化和最小化的状态时，此按钮组从左到右的按钮作用依次为最小化操作界面、最大化操作界面和关闭操作界面。

图1-11　Word 2010的标题栏

知识提示

最小化操作界面是指将操作界面缩小为任务按钮并显示在桌面下方的任务栏中，此时单击该按钮可恢复为缩小之前的大小；最大化操作界面是指将操作界面全面覆盖在除任务栏以外的整个桌面区域，当操作界面处于最大化状态时，"最大化"按钮 将变为"还原"按钮 ，单击该按钮可还原为最大化之前的大小。

2. 功能区

功能区位于标题栏下方，由若干功能选项卡组成，各功能选项卡又包含若干功能组（简称组），每个组中则是多个同类型参数的集合，如图1-12所示。

图1-12　Word 2010的功能区

3. 文档编辑区

文档编辑区位于功能区下方，默认显示为空白页面。此区域主要用于对文档内容进行各种编辑操作，是Word 2010最重要的组成部分之一。该区域中闪烁的短竖线为文本插入点，如图1-13所示。

图1-13　文档编辑区与插入点

4. 状态栏

状态栏位于操作界面最下方，主要用于显示当前文档的相关信息和控制文档视图显示状态，如图1-14所示。其中左侧区域可显示当前文档的页数/总页数、字数、当前输入语言/输入状态等信息；偏右的5个按钮用于设置视图模式；最右侧的滑块用于调整视图显示比例。

图1-14 Word 2010的状态栏

1.2.2 自定义操作界面

操作界面可根据实际需要进行修改，这主要是指对操作界面某些组成部分的设置，如快速访问工具栏中按钮的设置、功能区参数集合的设置、操作界面主题颜色的设置等，下面分别对公共设置方法进行介绍。

1. 自定义快速访问工具栏

自定义快速访问工具栏主要是指对该工具栏中的按钮进行添加和删除操作，以及调整该工具栏的位置。

◎ **快速添加和删除按钮**：单击快速访问工具栏右侧的下拉按钮，在打开的下拉列表中选择某个按钮对应的选项，当其左侧出现标记时，表示该按钮将添加到快速访问工具栏中，如图1-15所示。再次选择该按钮对应的选项，使左侧的标记消失，则表示该按钮将从快速访问工具栏中删除。

◎ **添加任意命令按钮**：单击快速访问工具栏右侧的下拉按钮，在打开的下拉列表中选择"其他命令"选项，此时将打开"Word选项"对话框，如图1-16所示。在左侧的列表框中选择某个按钮选项，单击 添加(A) >> 按钮，将其添加到右侧的列表框中，确认操作后即可将按钮添加到快速访问工具栏中。

◎ **调整位置**：单击快速访问工具栏右侧的下拉按钮，在打开的下拉列表中选择"在功能区下方显示"选项，可将快速访问工具栏调整到功能区下方。

图1-15 快速添加按钮

图1-16 添加其他按钮

2. 自定义功能区

在功能区任意位置上单击鼠标右键，在弹出的快捷菜单中选择"自定义功能区"命令，此时将打开如图1-17所示的对话框，根据需要可将左侧列表框中的按钮添加到右侧选择的功能选项卡和组中。另外，其中常用的一些按钮的作用分别如下。

◎ 新建选项卡(W)按钮：单击该按钮可在功能区新建功能选项卡。

◎ 新建组(N)按钮：单击该按钮可在上方列表框中所选的功能选项卡中新建组。

◎ 重命名(M)...按钮：单击该按钮可重命名所选的新建功能选项卡或组。

◎ "上移"按钮▲和"下移"按钮▼：选择某个功能选项卡或组后，可通过单击这两个按钮调整其在功能区中的位置。

图1-17 设置功能区的对话框

知识提示　　在功能区的任意位置上单击鼠标右键，在弹出的快捷菜单中选择"功能区最小化"命令，可将功能区收缩为只显示选项卡名称的状态，此时单击某个选项卡才能展开功能区，单击操作界面其他区域时，功能区又将自动收缩。按相同方法再次选择"功能区最小化"命令，可取消最小化状态。

3. 自定义操作界面主题颜色

Word 2010提供了3种操作界面的主题颜色，其设置方法为：选择【文件】→【选项】菜单命令，打开"Word选项"对话框，在左侧的列表框中选择"常规"选项，在界面右侧的"配色方案"下拉列表框中可选择需要的主题颜色，如图1-18所示。

图1-18 选择操作界面的主题颜色

1.2.3 课堂案例2——设置个性化操作界面

将Word 2010操作界面的主题颜色设置为蓝色，并将"新建"按钮和"打开"按钮添加到快速访问工具栏上，最后将"开发工具"功能选项卡显示到功能区中。

 视频演示　　　光盘:\视频文件\第1章\设置个性化操作界面.swf

（1）启动Word 2010，单击"文件"选项卡，然后单击左侧的 [选项] 按钮，如图1-19所示。

（2）打开"Word选项"对话框，选择左侧列表框中的"常规"选项，在右侧界面的"配色方案"下拉列表框中选择"蓝色"选项，单击 [确定] 按钮，如图1-20所示。

图1-19　设置Word选项

图1-20　选择配色方案

（3）单击快速访问工具栏右侧的下拉按钮 ，在打开的下拉列表中选择"新建"选项，如图1-21所示。

（4）再次单击该下拉按钮，在打开的下拉列表中选择"打开"选项，如图1-22所示。

图1-21　添加新建按钮

图1-22　添加打开按钮

（5）在功能区上单击鼠标右键，在弹出的快捷菜单中选择"自定义功能区"命令，如图1-23所示。

（6）打开"Word选项"对话框，在右侧的列表框中单击选中"开发工具"复选框，单击 [确定] 按钮，如图1-24所示。

图1-23 自定义功能区

图1-24 添加开发工具功能选项卡

（7）完成操作。观察此时界面的颜色、快速访问工具栏上的按钮、功能区的功能选项卡均发生了变化，如图1-25所示。

图1-25 设置操作界面后的效果

操作技巧

　　要想将功能区中的某个按钮添加到快速访问工具栏中，可直接在该按钮上单击鼠标右键，在弹出的快捷菜单中选择"添加到快速访问工具栏"命令。

1.3 管理Word文档

　　Word文档是文本和其他如表格、图形等各种对象的载体，管理好文档就能更好地利用这些资源。下面将主要讲解Word文档的一些重要管理操作，包括文档的新建、保存、打开、关闭、加密等内容。

1.3.1 新建文档

　　新建文档根据操作的不同，可分为新建空白文档和根据模板新建文档两种方式，下面分别介绍。

1. 新建空白文档

　　启动Word 2010后，软件会自动新建一个名为"文档1"的空白文档，除此之外，新建空白文档还有以下几种方法。

◎ **通过"新建"菜单命令新建**：单击【文件】→【新建】菜单命令，在界面右侧选择"空白文档"选项，然后单击"创建"按钮，或直接双击"空白文档"选项新建文档，如图1-26所示。

◎ **通过快速访问工具栏新建**：单击快速访问工具栏中的"新建"按钮。

◎ **通过快捷键新建**：直接按【Ctrl+N】组合键。

图1-26　新建空白文档

2. 输入文本

在Word 2010中输入文本的方法很简单，常见的方法有如下几种。

◎ 在文档编辑区中单击鼠标定位插入点，切换到需要的输入法后即可输入文本，所输文本将在文本插入点处开始逐一显示。

◎ 在文档编辑区的空白位置双击鼠标，可将文本插入点定位到此处，然后可从此处开始输入所需文本。

◎ 文本输入后，会根据页面大小自动换行，若需手动换行，可按【Enter】键来实现。

知识提示　　　　Word提供有两种输入状态，即"插入"状态和"改写"状态，"插入"状态是指输入文本后，原插入点右侧的文本会自动右移；"改写"状态则是指输入文本后，原插入点右侧的文本会自动替换为输入的新的文本内容。"插入"状态为默认输入状态，单击状态栏左侧的 插入 按钮即可切换为"改写"状态，此时 插入 按钮将变为 改写 按钮，单击此按钮可重新更改为"插入"状态。

3. 根据模板新建文档

根据模板新建文档是指利用Word 2010提供的某种模板来创建具有一定内容和样式的文档，其具体操作如下。

（1）选择【文件】→【新建】菜单命令，在界面右侧选择"样本模板"选项，如图1-27所示。

图1-27　选择样本模板

（2）在下方的列表框中选择某种模板，如"基本信函"选项，单击选中"文档"单选项，然后单击"创建"按钮，如图1-28所示。

（3）此时将根据所需模板创建Word文档，其中包含了模板中已设置好的内容和样式，如图1-29所示。

图1-28　选择模板　　　　　　　　　　　图1-29　创建的文档效果

如果计算机连接了互联网，则在"【文件】→【新建】菜单命令后，可在右侧界面的列表框中选择网络提供的各种Word模板来新建文档。

1.3.2　保存文档

保存文档是指将新建的文档、编辑过的文档保存到计算机中，以便以后可以重新打开使用其中的信息。Word 2010中保存文档可分为保存新建的文档、另存文档、自动保存文档几种。

1．保存新建的文档

保存新建文档的方法主要有以下几种。

◎　**通过"保存"菜单命令保存**：选择【文件】→【保存】菜单命令。

◎　**通过快速访问工具栏保存**：单击快速访问工具栏中的"保存"按钮。

◎　**通过快捷键保存**：按【Ctrl+S】组合键。

执行以上任意操作后，都将打开"另存为"对话框，通过双击右侧列表框中的文件夹来确认上方"路径"下拉列表框的保存位置，在"文件名"下拉列表框中可设置文档保存的名称，完成后单击 保存(S) 按钮，如图1-30所示。

图1-30　保存文档

如果文档已经保存过，再执行保存操作后就不会打开"另存为"对话框，而是
直接替换之前保存的文档内容。

知识提示

2. 另存文档

如果需要将已保存的文档进行备份，则适用另存操作，其方法为：【文件】→【另存为】
菜单命令，在打开的"另存为"对话框中按保存文档的方法操作即可。

3. 自动保存文档

设置自动保存后，Word将按设置的间隔时间后自动保存文档，以避免当遇到死机或突然
断电等意外情况时丢失文档数据，具体操作如下。

（1）选择【文件】→【选项】菜单命令。

（2）打开"Word选项"对话框，选择左侧列表框中的"保存"选项，单击选中"保存自动
恢复信息时间间隔"复选框，并在右侧的数值框中设置自动保存的时间间隔，如"10分
钟"，如图1-31所示。完成后确认操作即可。

图1-31 设置自动保存文档的时间间隔

1.3.3 打开与关闭文档

打开文档是指将Word软件生成的文件重新再打开进行浏览和编辑；关闭文档则是关闭当
前的Word文档对象但不退出Word。下面分别介绍这两种操作的实现方法。

1. 打开文档

打开文档有以下几种常用方法。

◎ 通过"打开"菜单命令打开：【文件】→
【打开】菜单命令。

◎ 通过快速访问工具栏打开：单击快速访问
工具栏中的"打开"按钮。

◎ 通过快捷键打开：按【Ctrl+O】组合键。

执行以上任意操作后，都将打开"打开"对
话框，在列表框中通过双击文件夹找到需打开的
Word文档（也可利用上方的"路径"下拉列表框
选择文档所在的位置），选择文档并单击 打开(O)
按钮，如图1-32所示。

图1-32 选择需打开的Word文档

2. 关闭文档

关闭文档是指在不退出Word 2010的前提下，关闭当前正在编辑的文档，其方法为：选择【文件】→【关闭】菜单命令。

知识提示

按照本章前面介绍的退出Word 2010的方法也可同时实现文档的关闭操作，需要注意的是，当关闭未及时保存的文档时，Word会自动打开提示对话框，询问关闭前是否保存文档。其中单击 保存(S) 按钮可保存后关闭文档；单击 不保存(N) 按钮可不保存直接关闭文档；单击 取消 按钮取消关闭操作。

1.3.4 加密文档

加密文档的目的是防止他人恶意修改或删除重要文档，当打开加密的文档时，必须输入正确的密码才能成功打开文档，此功能对数据的安全性有一定的保护作用。加密文档的具体操作如下。

（1）选择【文件】→【信息】菜单命令，单击界面右侧的"保护文档"按钮🔒，在打开的下拉列表中选择"用密码进行加密"选项，如图1-33所示。

（2）打开"加密文档"对话框，在"密码"文本框中输入打开此文档时需要输入的密码信息，单击 确定 按钮，如图1-34所示。

（3）打开"确认密码"对话框，在"重新输入密码"文本框中输入相同的密码信息，单击 确定 按钮，如图1-35所示。

（4）此后在打开该加密的文档时，会首先打开"密码"对话框，如图1-36所示。只有输入了正确的密码后，单击 确定 按钮才能打开文档。

图1-33 加密文档　　　　图1-34 输入密码　　　　图1-35 确认密码　　　　图1-36 打开加密文档

1.3.5 课堂案例3——创建"工作计划"文档

根据"平衡报告"模板新建Word文档，通过另存为操作将文档以"工作计划"为名保存在桌面上。最后关闭文档，再退出Word 2010。

效果所在位置　光盘:\效果文件\第1章\课堂案例3\工作计划.docx
视频演示　　　光盘:\视频文件\第1章\创建"工作计划"文档.swf

（1）通过"开始"菜单启动Word 2010，选择【文件】→【新建】菜单命令，在界面右侧选择"样本模板"选项，如图1-37所示。

图1-37 选择样本模板

（2）在下方的列表框中选择"平衡报告"模板选项，单击选中"文档"单选项，然后单击"创建"按钮，如图1-38所示。

图1-38 选择模板

（3）按【Ctrl+S】组合键打开"另存为"对话框，选择左侧列表框中的"桌面"选项，在"文件名"下拉列表框中输入"工作计划"，单击 保存(S) 按钮，如图1-39所示。

（4）选择【文件】→【关闭】命令，关闭Word程文档，如图1-40所示。

（5）单击Word 2010操作界面右上角的"关闭"按钮 x 退出Word程序，如图1-41所示，完成本次课堂案例的练习。

图1-39 保存文档

图1-40 关闭文档

图1-41 退出Word

职业素养 工作时应建立妥善保管文档数据的良好习惯，特别是当文档较多时，建议按文档类型、部门、创建时间等依据分门别类地进行存放，这样在日后使用时也能更快地找到相应的文档对象。另外，通过另存或复制粘贴等操作对文档数据进行备份也是应该重点注意的环节，如将文档数据复制到U盘、移动硬盘等移动设备等，这样可以最大限度地保证数据安全。

1.4 课堂练习

本章课堂练习较为简单，主要是针对操作界面介绍、帮助系统的使用，以及Word文档的基本管理方法进行练习，以进一步巩固相关内容。

1.4.1 设置操作界面并使用帮助系统

1. 练习目标

本练习的目标是进一步熟悉Word 2010操作界面的组成，并巩固自定义操作界面和使用帮助系统解决操作问题的能力。其中在设置操作界面时，应遵循个人的使用习惯和实际操作需要，以使用Word提高操作效率为最终目标，不宜将操作界面设置得过于"花枝招展"来体现所谓的"个性化"，这样反而不利于实际操作。

 视频演示　　　光盘:\视频文件\第1章\设置操作界面并使用帮助系统.swf

2. 操作思路

本次练习首先需要对Word 2010的操作界面进行设置，其中主要是设置快速访问工具栏和功能区，之后再利用帮助系统来查询相关操作的解决方法和技巧，具体操作思路如图1-42所示。

① 设置快速访问工具栏

② 设置功能区

③ 使用帮助系统

图1-42　设置操作界面和使用帮助系统的操作思路

（1）启动Word 2010，利用快速访问工具栏右侧的下拉按钮添加"绘制表格"按钮。

（2）单击快速访问工具栏右侧的下拉按钮，在打开的下拉列表中选择"其他命令"选项，在左上方的下拉列表框中选择"审阅 选项卡"选项，将下方列表框中的"新建批注"按钮添加到右侧的列表框。按相同方法将"视图"选项卡中的"100%"和"双页"按钮添加到右侧列表框。

（3）在功能区上利用右键菜单中的"自定义功能区"命令自定义功能区，在右侧列表框中选择"开始"复选框对应的选项，然后利用下方的按钮新建组并重命名为"表格"，利用列表框右侧的按钮将新建的组移到"开始"选项卡的下方。

（4）将左侧主选项卡中"插入"选项卡的"表格"组中的"插入表格""文本转换成表格""Excel电子表格"按钮添加到新建的"表格"组。

（5）启动帮助系统，进入到"来自此计算机的内容"范围下的"Word帮助"系统，通过目录方式查询保存文件的相关内容。

1.4.2 创建"会议纪要"文档

1. 练习目标

本练习的目标是创建名为"会议纪要"的文档，并在其中输入相应的内容，最后为文档进行加密设置。完成后的参考效果如图1-43所示。

A公司周会会议纪要
一、时间：2015年1月5日（星期一）上午 08:30-09:00
二、地点：A公司会议室
三、参会人员：
四、主持人：
五、会议记录：
六、会议内容：
本纪要主要针对重点工作达成的统一意见、需要协调的事项，以及尚待解决的问题等进行归纳整理，以便于计划管理和计划执行情况检查。
1、工程部：
编制项目管理用表使用说明。
2、经营部：
整理统计资料（合同）。
3、人力资源部
完成人员整合沟通工作。
4、财务部
解决项目分包发票。

图1-43　"会议纪要"文档参考效果

 效果所在位置　光盘:\效果文件\第1章\课堂练习\会议纪要.docx
视频演示　　光盘:\视频文件\第1章\创建"会议纪要"文档.swf

2. 操作思路

要完成本次练习，首先应启动Word 2010，然后在自动新建的空白文档中输入文本，接着需要对文档进行保存，最后加密文档，操作思路如图1-44所示。

① 创建文档并输入文本

② 保存文档

③ 加密文档

图1-44　"会议纪要"文档的创建思路

（1）启动Word 2010，输入相应的文本内容，需要分段时按【Enter】键换行。

（2）按【Ctrl+S】组合键，将文档以"会议纪要"为名保存。

（3）选择【文件】→【信息】菜单命令，通过"保护文档"功能加密文档，密码设置为"123456"。

1.5 拓展知识

Word文档是目前最常用的办公软件之一，下面介绍两种更为便捷的方式，以更方便地启动此软件进行办公。

◎ **锁定到"开始"菜单**：在Word 2010快捷启动图标或"开始"菜单中该软件的启动命令上单击鼠标右键，在弹出的快捷菜单中选择"附到「开始」菜单"命令。此后只需单击"开始"按钮，便可在弹出的开始菜单中显示Word 2010的启动命令。

◎ **锁定到任务栏**：在Word 2010快捷启动图标或"开始"菜单中该软件的启动命令上单击鼠标右键，在弹出的快捷菜单中选择"锁定到任务栏"命令，此时Word 2010的快捷启动图标将以按钮的形式添加到任务栏中，单击该按钮即可启动软件。

1.6 课后习题

（1）启动Word 2010，将操作界面的主题颜色设置为"黑色"。

（2）取消快速访问工具栏中的"撤销"和"恢复"按钮，并将此工具栏调整到功能区下方显示。

（3）将功能区最小化，并将"页面布局"选项卡"主题"组中的"主题"按钮添加到快速访问工具栏。

（4）通过"市内报告"模板创建文档，并将其以"工作报告"为名，保存到桌面上，然后再通过另存操作，将此文档重新保存到D盘。

（5）启动Word 2010，打开上一步中保存到桌面上的"工作报告"文档，为其进行加密处理，密码设置为"000000"，然后关闭文档但不退出Word 2010。

（6）在上一步的基础上新建文档，输入如图1-45所示的文本内容，并以快捷键的方式将其保存到默认位置，名称为"行程安排"。

效果所在位置 光盘:\效果文件\第1章\课后习题\行程安排.docx
视频演示 光盘:\视频文件\第1章\创建"行程安排"文档.swf

行程安排
1、观看宣传片：企业介绍与企业文化介绍，约15分钟（10人以上才能参观）；
2、参观生产车间：参观最先进的生产设备和包装流水线，约30分钟；
3、参观办公楼：约15分钟；
4、参观样品室：约20分钟。

图1-45 "行程安排"文档参考效果

第2章

编辑与美化Word文档

　　本章将详细讲解在Word中编辑与美化文档的相关操作。对编辑文档内容和美化设置文档格式的操作进行全面讲解。读者通过学习应能熟练掌握编辑文档内容的各种操作方法，并能快速地对文档格式进行设置。

学习要点

◎　选择修改、删除文本内容
◎　移动与复制文本
◎　查找与替换文本
◎　设置字符格式
◎　设置段落格式
◎　设置项目符号和编号

学习目标

◎　掌握编辑文档内容的基本操作
◎　掌握设置文档字符格式和段落格式的方法

2.1 编 辑 文 档

创建文档或打开一篇文档后，可在其中对文档内容进行编辑，如更改文本、移动和复制文本、查找和替换文本等。本节将详细讲解编辑Word文档内容的相关操作。

2.1.1 更改文本

对文档内容进行更改主要包括选择文本、修改文本和删除文本等操作，这些操作在制作文档时是常用的更改文档的处理方法。

1. 选择文本

当需要对文档内容进行修改、删除、移动与复制、查找与替换等编辑操作时，必须先选择要编辑的文本。选择文本主要包括选择单个词组、选择整行文本、选择整段文本和全选等多种方式，具体方法介绍如下。

◎ **选择任意文本**：在需要选择文本的开始位置单击后，按住鼠标左键不放并拖曳到文本结束处释放鼠标，选择后的文本呈蓝底黑字的形式，如图2-1所示。

◎ **选择一行文本**：除了用选择任意文本的方法拖曳选择一行文本外，还可将鼠标光标移动到该行左边的空白位置，当鼠标光标变成形状时单击鼠标左键，即可选择整行文本，如图2-2所示。

图2-1 选择任意文本　　　　　　　　　　图2-2 选择一行文本

◎ **选择一段文本**：除了用选择任意文本的方法拖曳选择一段文本外，还可将鼠标光标移动到段落左边的空白位置，当鼠标光标变为形状时双击鼠标左键，或在该段文本中任意一点，连续单击3次鼠标左键，即可选择该段文本如图2-3所示。

◎ **选择整篇文档**：在文档中将鼠标光标移动到文档左边的空白位置，鼠标光标变成形状时，用鼠标左键连续单击3次；或将鼠标光标定位到文本的起始位置，按住【Shift】键不放，单击文本末尾位置；或直接按【Ctrl+A】组合键，可选择整篇文档如图2-4所示。

图2-3 选择一段文本　　　　　　　　　图2-4 选择整篇文档

知识提示　　选择部分文本后，按住【Ctrl】键不放，可以继续选择不连续的文本区域。另外，若要取消选择操作，可用鼠标在选择对象以外的任意位置单击即可。

2. 插入和改写文本

在文档中若漏输入了相应的文本，或需修改输入错误的文本，可分别在插入和改写状态下插入并改写相应的文本。

◎ **插入文本**：默认状态下，在状态栏中可看到 插入 按钮，表示当前文档处于插入状态，直接在插入点处输入文本，该处文本后面的内容将随鼠标光标自动向后移动，如图2-5所示。

图2-5 插入文本

◎ **改写文本**：在状态栏中单击 插入 按钮切换至改写状态，将文本插入点定位到需修改文本前，输入修改后的文本，此时原来的文本自动由输入的文本替换，如图2-6所示。

图2-6 改写文本

知识提示　当不需要改写文本时，应单击 改写 按钮或按【Insert】键切换至插入状态，避免下次在输入文本时自动改写文本。

3. 删除文本

如果文档中输入了多余或重复的文本，可使用删除操作将不需要的文本从文档中删除，主要有以下两种方法。

◎ 选择需要删除的文本，按【BackSpace】键可删除选择的文本，若定位文本插入点后，按【BackSpace】键则可删除插入点前面的字符。

◎ 选择需要删除的文本，按【Delete】键也可删除选择的文本，若定位文本插入点后，按【Delete】键则可删除插入点后面的字符。

2.1.2 移动和复制文本

通过移动操作可将文档中某部分文本内容移动到另一个位置，改变文本的先后顺序；同时，要保留原文本内容的位置不变，并复制该文本内容到其他位置，可通过复制操作在多个位置输入相同文本，避免重复输入操作。

1. 移动文本

移动文本是指将选择的文本移动到另一个位置，原位置将不再保留该文本，主要有以下4种方法。

◎ **通过右键菜单**：选择文本后单击鼠标右键，在弹出的快捷菜单中选择"剪切"命令。

◎ **通过按钮**：在【开始】→【剪贴板】组中单击"剪切"按钮✂。然后定位光标插入点，单击鼠标右键，在弹出的快捷菜单中选择"粘贴"命令。在"开始"选项卡的"剪贴板"组中单击"粘贴"按钮📋，即可发现原位置的文本在粘贴处显示，如图2-7所示。

图2-7　剪切并粘贴文本

◎ **通过快捷键**：选择要移动的文本，按【Ctrl+X】组合键，将文本插入点定位到目标位置，按【Ctrl+V】组合键粘贴文本即可。

◎ **通过拖动**：选择文本后，将鼠标移动到选择的文本上，按住鼠标左键部分拖曳选择的文本到需要移动到的位置后释放鼠标即可。

2. 复制文本

选择所需文本后，在【开始】→【剪贴板】组中单击"复制"按钮📄，或按【Ctrl+C】组合键或者单击鼠标右键，在弹出的快捷菜单中选择"复制"命令，将文本插入点定位到需要粘贴的位置，单击鼠标右键，在弹出的快捷菜单中选择"粘贴选项"命令栏中的"只保留文本"命令，或直接按【Ctrl+V】组合键，即可将复制的文本插入到指定位置，如图2-8所示。

图2-8　复制并粘贴文本

2.1.3　查找和替换文本

在一篇长文档中要查找某个字词，或是将某个字词全部替换为另外的字词，逐个查找并替换将花费大量的时间，且容易出错，此时可使用Word的查找与替换功能，实现快速查找与替换。

1. 查找文本

在【开始】→【编辑】组中单击🔍查找按钮，或直接按【Ctrl+F】组合键，在导航窗格中的"导航"文本框中输入需要查找的文本，如输入"季度"文本，按【Enter】键，文档中所有查找到的文本将以黄底黑字显示出来，如图2-9所示。

图2-9 突出显示查找的文本

2. 替换文本

替换文本是指将原有的文本替换为更正后的文本，其具体操作如下。

（1）按【Ctrl+H】组合键或在【开始】→【编辑】组中单击 替换 按钮，打开"查找和替换"对话框。

（2）在"查找内容"下拉列表框中输入需要替换的文本，如输入"季度"文本，在"替换为"下拉列表框中输入"月份"文本，如图2-10所示。

（3）单击 替换(R) 按钮，系统自动查找并替换插入点后面的第一个文本。如需替换文档中所有"季度"文本，单击 全部替换(A) 按钮，完成后系统将打开图2-11所示的提示对话框，单击 确定 按钮即可。

图2-10 替换文本

图2-11 完成替换

2.1.4 课堂案例1——编辑"演讲稿"文档

根据提供的素材文档，对其进行编辑修改，使其内容完善、无错误。完成后的参考效果如图2-12所示。

素材所在位置	光盘:\素材文件\第2章\素材案例1\演讲稿.docx
效果所在位置	光盘:\效果文件\第2章\课堂案例1\演讲稿.docx
视频演示	光盘:\视频文件\第2章\编辑"演讲稿"文档.swf

图2-12 "演讲稿"文档参考效果

（1）打开"演讲稿.docx"素材文档，将文本插入点定位到第一页倒数第3行的"最后，"文本后，然后按住鼠标左键不放并拖动到文本"准备好，"处释放鼠标。

（2）选择需要删除的文本，按【Delete】键删除文本插入点后的文本，按【BackSpace】键可删除文本插入点前的文本，如图2-13所示。

图2-13 删除不需要的文本

（3）将文本插入点定位到文档的开头位置，然后在"开始"选项卡"编辑"组中单击 查找 按钮右侧的下拉按钮 ，在打开的下拉列表中选择"高级查找"选项。

（4）在打开的"查找和替换"对话框的文本框中输入查找内容，如"主管"，然后单击 查找下一处(F) 按钮，系统将查找文本插入点后第一个符合条件的文本内容，如图2-14所示。

图2-14 查找第一个符合条件的文本

（5）单击 在以下项中查找(I) 按钮，在打开的下拉列表中选择"主文档"选项，系统将自动在文档中查找相应的内容，并在对话框中显示出与查找条件相匹配的总数目，如图2-15所示。

图2-15 查找文档中符合条件的所有文本

（6）单击 阅读突出显示(R)▼ 按钮，在打开的下拉列表中选择"全部突出显示"选项，系统将自动在文档中查找相应的内容，并突出显示，如图2-16所示，完成查找后单击 关闭 按钮，关闭该对话框。

图2-16　突出显示符合查找条件的文本

（7）将文本插入点定位到文档的开始位置，然后在"开始"选项卡的"编辑"组中单击 ᵃᵇ替换 按钮。

（8）在打开的"查找和替换"对话框的"替换"选项卡的"查找内容"下拉列表框中保持输入的查找内容"主管"，在"替换为"下拉列表框中输入替换后的"经理"文本，然后单击 替换(R) 按钮，Word自动在文本中找到从插入点位置开始第一个符合条件的内容并呈选择状态，再次单击该按钮将其替换为"经理"，如图2-17所示。

图2-17　替换第一个符合条件的文本

（9）单击 全部替换(A) 按钮，将文档中所有的"主管"文本替换成"经理"，并打开提示对话框提示替换的数量，单击 确定 按钮确认替换内容，单击 关闭 按钮关闭对话框。

（10）返回文档中，可看到替换文本后的效果如图2-18所示。

图2-18　替换所有符合条件的文本

2.2 美化文档

对Word文档进行美化主要是设置Word的文档格式，包括设置字符和段落格式、设置项目符号和编号等操作。本小节将详细讲解美化文档格式的基本方法，如设置字体、字号大小、字形、文字颜色，以及设置段落缩进、段间距、对齐方式、项目符号和编号等。

2.2.1 设置字符格式

在Word文档中文本内容包括汉字、字母、数字、符号等。设置字体格式即更改文字的字体、字号、颜色等，通过这些设置可以使文字效果更突出，文档更美观。Word 2010中设置字符格式可通过以下方法完成。

1. 通过浮动工具栏设置

选中一段文本后，将鼠标光标移到被选择文本的右上角，将会出现浮动工具栏。该浮动工具栏最初为半透明状态显示，将鼠标光标指向该工具栏时会清晰地完全显示。其中包含常用的设置选项，单击相应的按钮或进行相应选择即可对文本的字符格式进行设置，如图2-19所示。

图2-19 浮动工具栏

其中相关选项含义如下。

◎ **字体**：指文字的外观，如黑体、楷体等字体，不同的字体，其外观也不同。Word默认的中文字体为"宋体"，英文字体为"Calibri"。

◎ **字号**：指文字的大小，默认为五号。其度量单位有"字号"和"磅"两种，其中字号越大文字越小，最大的字号为"初号"，最小的字号为"八号"；当用"磅"作度量单位时，磅值越大文字越大。

2. 利用功能区设置

在Word 2010默认功能区的【开始】→【字体】组中可直接设置文本的字符格式，包括字体、字号、颜色、字形等字符格式，如图2-20所示。

选择需要设置字符格式的文本后，在"字体"组中单击相应的按钮或选择相应的选项即可进行相应设置。

在【字体】组中除了有与浮动工具栏中部分相同的格式按钮外，还有以下设置选项。

图2-20 "字体"组

◎ **文本效果**：单击按钮右边的·按钮，在打开的下拉列表中选择需要的文本效果，如阴影、发光、映像等效果。

◎ **下标与上标**x_2 x^2：单击x_2按钮将选择的字符设置为下标效果；单击x^2按钮将选择的字符设置为上标效果。

◎ **更改大小写 Aa**：在编辑英文文档时，可能需要对其大小写进行转换，单击"字体"组的 **Aa** 按钮，在打开的下拉列表中提供了全部大写、全部小写、句首字母大写等转换选项。

◎ **清除格式**：单击 按钮将清除所选字符的所有格式，使其恢复到默认的字符格式。

3. 利用"字体"对话框设置

在【开始】→【字体】组中单击其右下角的 按钮或按【Ctrl+D】组合键，打开"字体"对话框。在"字体"选项卡中可设置字体格式，如字体、字形、字号、字体颜色、下划线等，还可即时预览设置字体后的效果，如图2-21所示。

在"字体"对话框中单击"高级"选项卡，可以设置字符间距、缩放大、字符位置等，如图2-22所示。

图2-21　"字体"选项卡

图2-22　"高级"选项卡

其中设置功能如下。

◎ **字符缩放**：默认字符缩放是100%，表示正常大小，比例大于100%时得到的字符趋于宽扁，小于100%时得到的字符趋于瘦高。

◎ **字符位置**：指字符在文本行的垂直位置，包括"提升"和"降低"两种。

◎ **字符间距**：Word中的字符间距包括"加宽"或"紧缩"两种，可设置加宽或紧缩的具体值。对于末行文字只有一两个字符时可通过紧缩方法将其调到上一行。

知识提示

　　　在Word中，浮动工具栏主要用于快捷设置所选文本的字符格式及段落格式，"字体"组主要是用于对选文本进行字体格式设置，其选项要比浮动工具栏多，但不能对段落进行设置，而"字体"对话框则拥有较之前两种方法更多的设置功能。

2.2.2　设置段落格式

段落是指文字、图形、其他对象的集合。回车符" "是段落的结束标记。通过设置段落格式，如设置段落对齐方式、缩进、行间距、段间距等，可以使文档的结构更清晰、层次更分明。

1. 设置段落对齐方式

段落对齐方式主要包括左对齐、居中对齐、右对齐、两端对齐、分散对齐等。其设置方法有以下几种。

◎ 选择要设置的段落，在【开始】→【段落】组中单击相应的对齐按钮，即可设置文档段落的对齐方式，如图2-23所示。

图2-23　设置段落对齐方式

◎ 选择要设置的段落，在浮动工具栏中单击相应的对齐按钮，可以设置段落对齐方式。

◎ 选择要设置的段落，单击"段落"组右下方的按钮，打开"段落"对话框，在该对话框中的"对齐方式"下拉列表中进行设置。

2. 设置段落缩进

段落缩进包括左缩进、右缩进、首行缩进、悬挂缩进4种，一般利用标尺和"段落"对话框来设置，其方法分别如下。

◎ **利用标尺设置**：单击滚动条上方的"标尺"按钮在窗口中显示出标尺，然后拖动水平标尺中的各个缩进滑块，可以直观地调整段落缩进。其中为首行缩进滑块，表示悬挂缩进，表示右缩进等，如图2-24所示。

图2-24　利用标尺设置段落缩进

◎ **利用对话框设置**：选择要设置的段落，单击"段落"组右下方的按钮，打开"段落"对话框，在该对话框中的"缩进"栏中进行设置。

3. 设置行和段落间距

合适的行距可使文档一目了然，包括设置行间距和段落前后间距，其方法如下。

◎ 选择段落，在【开始】→【段落】组中单击"行和段落间距"按钮，在打开的下拉列表中选择"1.5"选项等行距倍数选项。

◎ 选择段落，打开"段落"对话框，在"间距"栏中的"段前"和"段后"数值框中输入值，在"行距"下拉列表框中选择相应的选项，即可设置行间距，如图2-25所示。

图2-25　"段落"对话框

2.2.3 设置项目符号和编号

使用项目符号与编号功能，可为属于并列关系的段落添加●、★、◆等项目符号，也可添加"1. 2. 3."或"A. B. C."等编号，还可组成多级列表，使文档层次分明、条理清晰。

1. 添加项目符号

选择需要添加项目符号的段落，在【开始】→【段落】组中单击"项目符号"按钮 ⋮☰ ⋅ 右侧的 按钮，在打开的下拉列表中选择一种项目符号样式。

2. 自定义项目符号

Word 2010中默认的项目符号样式共7种，如果需自定义项目符号，其具体操作如下。

（1）选择需要添加自定义项目符号的段落，在【开始】→【段落】组中单击"项目符号"按钮 ⋮☰ ⋅ 右侧的 按钮，在打开的下拉列表中选择"定义新项目符号"选项，如图2-26所示，打开"定义新项目符号"对话框。

（2）在"项目符号字符"栏中单击 图片(P)... 按钮，打开"图片项目符号"对话框，在该对话框中的下拉列表中选择项目符号样式后，单击 确定 按钮，如图2-27所示，返回"定义新项目符号"对话框。

图2-26 选择"定义新项目符号"选项

图2-27 自定义项目符号

（3）在"对齐方式"下拉列表中选择项目符号的对齐方式，此时可以在下面的预览窗口中预览设置效果，最后单击 确定 按钮即可。

3. 添加编号

在制作办公文档时，对于按一定顺序或层次结构排列的项目，可以为其添加编号。其操作方法为：选择要添加编号的文本，在【开始】→【段落】组中单击"编号"按钮 ⋮☰ ⋅ 右侧的 按钮，即可在打开的"编号库"下拉列表中选择需要添加的编号，如图2-28所示。

另外，在"编号库"下拉列表中还可选择"定义新编号格式"选项来自定义编号格式，其方法与自定义项目符号相似。

图2-28 添加编号

4. 设置多级列表

多级列表主要用于规章制度等需要各种级别编号的文档，设置多级列表的方法为：选择需要设置的段落，在【开始】→【段落】组中单击"多级列表"按钮，在打开的下拉列表中选择一种编号的样式即可。

操作技巧　对段落设置多级列表后默认各段落标题级别是相同的，看不出级别效果，可以依次在下一级标题编号后面按一下【Tab】键，表示下降一级标题。

2.2.4　课堂案例2——美化"招聘启事"文档

本案例要求为提供的素材文档设置字符格式、段落格式，并添加项目符号和编号，使文档结构分明，层次清晰，完成后的参考效果如图2-29所示。

素材所在位置　光盘:\素材文件\第2章\课堂案例2\招聘启事.docx
效果所在位置　光盘:\效果文件\第2章\课堂案例2\招聘启事.docx
视频演示　　　光盘:\视频文件\第2章\美化"招聘启事"文档.swf

图2-29　"招聘启事"文档美化前后的效果

职业素养　在制作招聘启事这类文档时，内容要简明扼要，直接了当地说明需求，常用的招聘启事的内容主要包括：招聘标题、招聘要求、招聘对象的专业及人数，聘用待遇、应聘方式等。

（1）打开素材文档"招聘启事.docx"，选择标题文本，将鼠标光标移动到浮动工具栏上，在"字体"下拉列表框中选择"华文琥珀"选项，如图2-30所示。

（2）在"字号"下拉列表框中选择"二号"选项。在【开始】→【段落】组，单击"底纹"按钮A，在打开的下拉列表中选择"深红"选项。

（3）选择除标题文本外的文本内容，在"开始"选项卡的"字体"组的"字号"下拉列表框中选择"四号"选项。

（4）选择"招聘岗位"文本，再按住【Ctrl】键，同时选择"应聘方式"文本，在"开始"选项卡的"字体"组中单击"加粗"按钮B，如图2-31所示。

图2-30　设置字体

图2-31　设置字形

（5）选择"销售总监　1人"文本，再按住【Ctrl】键，同时选择"销售助理　5人"文本，在"字体"组中单击"下划线"按钮 **U** 右侧的下拉按钮▾，在打开的下拉列表框中选择"粗线"选项，如图2-32所示。

（6）在"字体"组中单击"字体颜色"按钮 **A** 右侧的下拉按钮▾，在打开的下拉列表中选择"深红"选项，如图2-33所示。

图2-32　设置下划线

图2-33　设置字体颜色

（7）选择标题文本，在"字体"组右下角单击"对话框启动器"图标 。

（8）打开"字体"对话框，单击"高级"选项卡，在"缩放"下拉列表框中输入数据"120%"，在"间距"下拉列表框中选择"加宽"选项，其后的"磅值"数值框中自动显示"1磅"，如图2-34所示，完成后单击 确定 按钮。

（9）选择"数字业务"文本，在"字体"组右下角单击"对话框启动器"图标 ，在打开的"字体"对话框中单击"字体"选项卡，在"着重号"下拉列表框中选择"."选项，完成后单击 确定 按钮，如图2-35所示。

图2-34　设置字符间距

图2-35　设置着重号

（10）选择标题文本，在"段落"组中单击"居中"按钮 ，选择最后三行文本，在"段落"组中单击"右对齐"按钮 。

（11）选择除标题和最后三行之外的文本内容，在"段落"组右下角单击 按钮。

（12）打开"段落"对话框，在"缩进和间距"选项卡的"特殊格式"下拉列表框中选择"首行缩进"选项，其后的"磅值"数值框中自动显示数值为"2字符"，完成后单击 确定 按钮，返回文档中，设置首行缩进后的效果如图2-36所示。

图2-36 在"段落"对话框设置首行缩进

（13）选择标题文本，在"段落"组右下角单击"对话框启动器"图标 ，打开"段落"对话框，在"缩进和间距"选项卡"间距"栏的"段前"和"段后"数值框中输入"1行"，完成后单击 确定 按钮，如图2-37所示。

（14）选择"招聘岗位"文本，按住【Ctrl】键，同时选择"应聘方式"文本，在"段落"组右下角单击"对话框启动器"图标 ，打开"段落"对话框的"缩进和间距"选项卡，在"行距"下拉列表框中选择"多倍行距"选项，其后"设置值"数值框中自动显示数值为"3"，完成后单击 确定 按钮，如图2-38所示。

图2-37 设置段间距

图2-38 设置行间距

（15）选择"招聘岗位"文本，按住【Ctrl】键，同时选择"应聘方式"文本。

（16）在"段落"组中单击"项目符号"按钮 右侧的下拉按钮 ，在打开的下拉列表的"项目符号库"栏中选择" "选项，返回文档，设置项目符号后的效果如图2-39所示。

（17）选择第一个"岗位职责："与"职位要求："之间的文本内容，在"段落"组中单击"编号"按钮右侧的按钮，在打开的下拉列表的"编号库"栏中选择"1. 2. 2."选项，如图2-40所示。

（18）用相同的方法在文档中依次设置其他位置的编号样式，完成本案例制作。

图2-39　设置项目符号

图2-40　设置编号

2.3　课堂练习

本章课堂练习将分别制作"产品说明书"文档和设置"会议记录"文档，综合练习本章学习的知识点，以掌握编辑与美化Word文档的具体操作。

2.3.1　制作"产品说明书"文档

1. 练习目标

本练习的目标是制作产品说明书文档，需要在提供的素材文档中设置相关的文档格式。在制作产品说明书时不仅要介绍产品的优点和作用，还要说明其性质和使用范围等内容，而且语言要准确、通俗、简明，并突出重点。本练习完成后的参考效果如图2-41所示。

图2-41　"产品说明书"文档参考效果

素材所在位置　　光盘:\素材文件\第2章\课堂练习\产品说明书.docx
效果所在位置　　光盘:\效果文件\第2章\课堂练习\产品说明书.docx
视频演示　　　　光盘:\视频文件\第2章\制作"产品说明书"文档.swf

2. 操作思路

完成本练习需要先在文档中对正文进行编辑，再设置字体与段落格式，然后设置编号与底纹格式等，其操作思路如图2-42所示。

① 编辑文本　　　　　　② 设置字体与段落格式　　　　　③ 设置编号与底纹格式

图2-42　"产品说明书"文档的制作思路

（1）打开素材文档"产品说明书.docx"，在标题行下插入文本，然后将文档中的相应位置的"饮水机"文本替换为"防爆饮水机"，再修改正文内容中的公司名称和电话号码。

（2）设置标题文本的字体为"黑体，二号"，段落为"居中"，正文内容的字体为"四号"，段落为"首行缩进"，再设置最后3行的段落为"右对齐"。

（3）为相应的文本内容设置编号"1.2.2."和"1）2）3）"，在"安装说明"文本后设置编号时，可先设置编号"1.2."，然后用格式刷复制编号"3.4."。

（4）这里若不想显示公司的详细地址和电话，可选择相应的文本后，在"字体"组中单击"以不同颜色突出显示文本"按钮 右侧的下拉按钮 ，在打开的下拉列表中选择"黑色"选项为字符设置底纹。

2.3.2 设置"会议记录"文档格式

1. 练习目标

本练习要求对已经录入好的"会议记录"文档进行格式设置，包括设置字符格式、段落格式、添加项目符号和编号等。完成后的参考效果如图2-43所示。

素材所在位置	光盘:\素材文件\第2章\课堂练习\产品说明书.docx
效果所在位置	光盘:\效果文件\第2章\课堂练习\产品说明书.docx
视频演示	光盘:\视频文件\第2章\设置"会议记录"文档格式.swf

2. 操作思路

根据练习目标要求，本练习的操作思路如图2-44所示。

图2-43　"会议记录"文档最参考效果

① 设置标题和会议主题等格式　② 设置文档小标题和发言人格式　③ 添加段落编号和设置落款右对齐

图2-44　设置"会议记录"文档格式的操作思

（1）打开"会议记录"素材文档，将文档大标题设置为"黑体、20号、加粗，居中对齐"。

（2）将除落款外的所有正文段落设置为"首行缩进2字符"，文档最前面的"会议主题"等6行文本设置为"小四"。

（3）将"会议议题"等小标题设置为"黑体、小四，1.5倍行距"，然后将"会议结论"下的文本加粗并设置为红色。

（4）为文档中的部分项目段落添加数字编号，再将发言人对应的文本设置为"红色，加粗"，然后将落款设置为右对齐，保存文档。

2.4　拓 展 知 识

　　当Word中默认的项目符号与编号不能满足用户需求时，可自定义项目符号与编号。自定义项目符号与编号的具体操作如下。

（1）选择需自定义项目符号的文本内容，在"段落"组中单击"项目符号"按钮 右侧的下拉按钮，在打开的下拉列表中选择"定义新项目符号"选项，打开"定义新项目符号"对话框，单击 符号(S) 按钮，打开"符号"对话框，可在其中选择一个符号作为项目符号，完成后连续单击 确定 按钮，应用设置后的效果如图2-45所示。

图2-45　选择符号作为项目符号

（2）若在"定义新项目符号"对话框中单击 图片(P) 按钮，打开"图片项目符号"对话框中可选择一种图片作为项目符号，完成后连续单击 确定 按钮应用设置。

（3）选择需自定义编号的文本内容，在"段落"组中单击"编号"按钮 右侧的下拉按钮，在打开的下拉列表中选择"定义新编号格式"选项，打开"定义新编号格式"对话框中设置"编号样式""编号格式""对齐方式""字体"等，完成后连续单击 确定 按钮应用设置。

2.5 课后习题

（1）打开"会议安排.docx"文档，利用前面讲解的编辑文本等知识对其内容进行编辑，然后设置相关的文档格式，使其页面美观，层次鲜明。

> **提示：** 在文档中修改文本、删除文本、移动文本、查找并替换文本，然后设置标题文本的字体为"方正准圆简体，二号"，段落为"居中"，正文内容的字体为"四号"，并为"会议目的"行设置边框与底纹，最后在"发言人"文本前添加编号"1. 2. 3."。处理后的效果如图2-46所示。

素材所在位置	光盘:\素材文件\第2章\课后习题\会议安排.docx
效果所在位置	光盘:\效果文件\第2章\课后习题\会议安排.docx
视频演示	光盘:\视频文件\第2章\编辑"会议安排"文档.swf

（2）创建"厂房招租.docx"文档，输入文本内容，并根据需要设置文档格式，将其美化为如图2-47所示的效果。

> **提示：** 设置标题文本的字体为"汉仪粗宋简，二号"，段落为"居中"，正文内容字体为"四号"，正文内容段落格式为"首行缩进"，最后三行段落格式为"右对齐"。然后选择相应的文本内容设置项目符号"✓"。

素材所在位置	光盘:\素材文件\第2章\课后习题\厂房招租.docx
效果所在位置	光盘:\效果文件\第2章\课后习题\厂房招租.docx
视频演示	光盘:\视频文件\第2章\美化"厂房招租"文档.swf

图2-46 "会议安排"文档效果　　　　图2-47 "厂房招租"文档效果

第3章

使用表格和各种图形对象

本章将讲解如何在Word文档中插入各种对象以丰富文档的知识，主要包括添加表格与各种图形对象。通过相关知识点的学习和案例的制作，可以对表格和各种图形对象有深刻的了解，并掌握如何插入并编辑表格、图片、剪贴画、形状、SmartArt、文本框和艺术字的方法。

学习要点

◎ 插入与编辑表格
◎ 插入与编辑图片和剪贴画
◎ 插入与编辑各种形状
◎ 插入与编辑SmartArt
◎ 插入与编辑文本框
◎ 插入与编辑艺术字

学习目标

◎ 掌握插入与编辑表格的方法
◎ 掌握图片和剪贴画的插入与设置方法
◎ 了解形状的插入与编辑操作
◎ 熟悉SmartArt的使用方法
◎ 熟悉插入与设置文本框的操作
◎ 了解艺术字的使用方法

3.1 插入与编辑表格

表格是一种可视化的交流模式，是一种组织整理数据的手段，由多条在水平方向和垂直方向平行的直线构成，其中直线交叉形成了单元格，水平方向的一排单元格称为行，垂直方向的一排单元格称为列。表格是文本编辑过程中非常有效的工具，可以将杂乱无章的信息管理得井井有条，从而提高文档内容的可读性。本节将重点介绍在Word中使用表格的各种方法。

3.1.1 在文档中插入表格

在Word文档中将文本插入点定位到需要插入表格的位置后，便可利用多种方法插入所需的表格。

1. 插入表格

根据插入表格的行列数和个人的操作习惯，可使用以下两种方法来实现表格的插入操作。

◎ **快速插入表格**：在【插入】→【表格】中单击"表格"按钮 ，在打开的下拉列表中将鼠标光标移至"插入表格"栏的某个单元格上，此时成黄色边框显示的单元格为将要插入的单元格，单击鼠标即可完成插入操作，如图3-1所示。

图3-1 快速插入表格的过程

◎ **通过对话框插入表格**：在【插入】→【表格】组中单击"表格"下拉按钮 ，在打开的下拉列表中选择"插入表格"选项，此时将打开"插入表格"对话框，在其中设置表格尺寸和单元格宽度后，单击 确定 按钮即可，如图3-2所示。

图3-2 "插入表格"对话框

2. 绘制表格

对于一些结构不规则的表格，可以通过绘制表格的方法进行创建，其具体操作如下。

（1）在【插入】→【表格】组中单击"表格"按钮 ，在打开的下拉列表中选择"绘制表格"选项。

（2）此时鼠标光标将变为 形状，在文档编辑区拖曳鼠标即可绘制表格外边框。

（3）在外边框内拖曳鼠标即可绘制行线和列线。

（4）表格绘制完成后，按【Esc】键退出绘制状态即可，整个过程如图3-3所示。

图3-3 绘制表格的过程

知识提示

绘制表格时，功能区会出现"表格工具 设计"选项卡，在其中的"绘图边框"组中提供了相应的参数，用于对绘制表格进行相应控制，如图3-4所示。

图3-4 绘制表格的过程

3.1.2 输入表格内容

创建表格后，便可在其中输入需要的内容了。通常在相应的单元格中单击鼠标，将文本插入点定位到其中后，即可输入文本。除此以外，还可选择使用以下方法来定位单元格。

◎ **使用方向键定位**：利用键盘上的【↑】、【↓】、【←】、【→】键可将文本插入点从当前单元格按相应方向定位到相邻的单元格。

◎ **使用【Tab】键定位**：按【Tab】键可将文本插入点从当前单元格向右定位到相邻的单元格中，当单元格处于最右侧时，会自动定位到下一行最左侧的单元格。

◎ **使用【Shift+Tab】组合键定位**：按【Shift+Tab】组合键可将插入点从当前单元格向左定位到相邻的单元格中，当单元格处于最左侧时，会自动定位到上一行最右侧的单元格。

3.1.3 调整表格结构

表格创建后，可根据实际需要对其现有的结构进行调整，这其中将涉及到表格的选择和布局等操作，下面分别介绍。

1. 选择表格

选择表格主要包括选择单元格、行、列，以及整个表格等情况，具体方法如下。

◎ **选择单个单元格**：将鼠标光标移动到所选单元格的左边框偏右位置，当其变为 ➚ 形状时，单击鼠标即可选择该单元格，如图3-5所示。

◎ **选择连续的多个单元格**：在表格中拖曳鼠标即可选择拖曳起始位置处和释放鼠标位置处的所有连续单元格。另外，选择起始单元格，然后将鼠标光标移动到目标单元格的左边框偏右位置，当其变为 ↗ 形状时，按住【Shift】键的同时单击鼠标也可选择这两个单元格及其之间的所有连续单元格，如图3-6所示。

◎ **选择不连续的多个单元格**：首先选择起始单元格，然后按住【Ctrl】键不放，依次选择其他单元格即可，如图3-7所示。

图3-5 选择单个单元格　　　图3-6 选择连续的单元格　　　图3-7 选择不连续的单元格

◎ **选择行**：用拖曳鼠标的方法可选择一行或连续的多行。另外，将鼠标光标移至所选行左侧，当其变为 形状时，单击鼠标可选择该行，如图3-8所示。利用【Shift】键和【Ctrl】键可实现连续多行和不连续多行的选择操作，方法与单元格的操作类似。

◎ **选择列**：用拖曳鼠标的方法可选择一列或连续的多列。另外，将鼠标光标移至所选列上方，当其变为 ↓ 形状时，单击鼠标可选择该列，如图3-9所示。利用【Shift】键和【Ctrl】键可实现连续多列和不连续多列的选择操作，方法也与单元格操作类似。

◎ **选择整个表格**：按住【Ctrl】键不放，利用选择单个单元格、单行或单列的方法即可选择整个表格。另外，将鼠标光标移至表格区域，此时表格左上角将出现 图标，单击该图标也可选择整个表格，如图3-10所示。

图3-8 选中单行　　　图3-9 选中单列　　　图3-10 选中整个表格

2. 布局表格

布局表格主要包括插入、删除、合并和拆分表格中的各种元素，其方法为：选择表格中的单元格、行或列，在"表格工具 布局"选项卡中利用"行和列"组与"合并"组中的相关参数进行设置即可，如图3-11所示。其中各参数的作用分别如下。

◎ **"删除"按钮**：单击该按钮，可在打开的下拉列表中执行删除单元格、行、列或表格的操作，其中当删除单元格时，会打开"删除单元格"对话框，要求设置单元格删除后剩余单元格的调整方式，如右侧单元格左移、下方单元格上移等。

图3-11 布局表格的各种参数

◎ **"在上方插入"按钮**：单击该按钮，可在所选的上方插入新行，新行的数量与所选择的行数一致。

◎ "在下方插入"按钮▦：单击该按钮，可在所选行的下方插入新行，新行的数量与所选择的行数一致。

◎ "在左侧插入"按钮▦：单击该按钮，可在所选列的左侧插入新列，新列的数量与所选择的列数一致。

◎ "在右侧插入"按钮▦：单击该按钮，可在所选列的右侧插入新列，新列的数量与所选择的列数一致。

◎ "合并单元格"按钮▦：单击该按钮，可将所选的多个连续的单元格合并为一个新的单元格。

◎ "拆分单元格"按钮▦：单击该按钮，将打开"拆分单元格"对话框，在其中可设置拆分后的列数和行数，单击 确定 按钮后即可将所选的单元格按设置的尺寸拆分。

◎ "拆分表格"按钮▦：单击该按钮，可在所选单元格处将表格拆分为两个独立的表格。需要注意的是，Word只允许对表格进行上下拆分，而不能进行左右拆分。

3.1.4 美化表格

美化表格主要是针对表格本身的格式进行设置，对于表格中的文本而言，可按设置文本和段落格式的方法，在表格中选择相应文本或段落后进行设置即可。下面分别介绍应用表格样式、设置单元格对齐方式、设置单元格边框和底纹的方法。

1. 应用表格样式

表格样式是表格格式的集合，包括表格边框、底纹格式，表格中的文本段落格式、表格中单元格的对齐方式等。应用Word预设的表格样式可以快速美化表格，其方法为：将文本插入点定位到单元格中，也可选择单元格、行、列或整个表格，然后在【表格工具 设计】→【表格样式】组的"样式"下拉列表框中选择某个样式选项即可，如图3-12所示。

图3-12 应用表格样式的过程

2. 设置单元格对齐方式

单元格对齐方式是指单元格中文本的对齐方式，其设置方法为：选择需设置对齐方式的单元格，在【表格工具 布局】→【对齐方式】组中单击相应按钮即可，如图3-13所示。

图3-13 设置表格对齐方式的过程

选择单元格后，在其上单击鼠标右键，在弹出的快捷菜单中选择"单元格对齐方式"命令，在弹出的子菜单中单击相应的按钮也可设置单元格的对齐方式。

3. 设置表格行高和列宽

设置表格行高和列宽的常用方法有如下两种。

◎ **拖曳鼠标设置**：将鼠标光标移至行线或列线上，当其变为÷形状或╫形状时，拖曳鼠标即可调整行高或列宽。

◎ **精确设置**：选择需调整行高或列宽所在的行或列，在【表格工具 布局】→【"单元格大小"】组的"高度"数值框或"宽度"数值框中即可设置精确的行高或列宽值，如图3-14所示。

图3-14 精确调整行高和列宽

4. 设置单元格边框和底纹

设置单元格边框和底纹的方法分别如下。

◎ **设置单元格边框**：选择需设置边框的单元格，在【表格工具 设计】→【表格样式】组中单击边框按钮右侧的下拉按钮▼，在打开的下拉列表中选择相应的边框样式。

◎ **设置单元格底纹**：选中需设置底纹的单元格，在【表格工具 设计】→【表格样式】组中单击底纹▼按钮右侧的下拉按钮▼，在打开的下拉列表中选择所需的底纹颜色。

3.1.5 课堂案例1——使用表格汇总应聘人员信息

本案例将在空白文档中创建表格，并通过对表格的各种操作来汇总公司的应聘人员信息，使相关负责人可以更有效地使用这些数据。完成后的参考效果如图3-15所示。

效果所在位置 光盘:\效果文件\第3章\课堂案例1\应聘人员信息.docx
视频演示 光盘:\视频文件\第3章\使用表格汇总应聘人员信息表.swf

应聘人员信息汇总表

姓名	性别	出生年月	学历学位	应聘职位	面试成绩	直接录用
陈少华	男	86.03.26	大学专科	文案专员	88	是
田蓉	女	88.06.13	大学本科	行政主管	90	是
喻刚	男	86.03.20	大学专科	行政主管	84	是
汪雪	女	82.09.30	大学专科	总经理助理	85	是
白静	女	86.03.21	大学本科	文案专员	68	否
钱百何	男	83.11.04	大学本科	总经理助理	72	否
杨丽华	女	86.03.24	大学专科	文案专员	88	是
沈圆	女	85.10.29	大学本科	总经理助理	65	否
林杰	男	84.08.25	大学本科	行政主管	85	是
伍林	男	86.03.22	大学本科	行政主管	70	否

图3-15 "应聘人员信息"文档中的表格效果

职业素养

Word中表格的主要作用在于汇总数据，不仅能在一定程度上起到美化文档的效果，更重要的是能轻松地阅读表格中的内容。因此表格在美化时要以简洁、大方、美观为前提，一般情况下颜色不宜使用得过多。

（1）启动Word 2010，在【插入】→【表格】组中单击"表格"按钮，在弹出的下拉列表中选择"插入表格"选项。打开"插入表格"对话框，分别在"列数"和"行数"数值框中将数值设置为"7"和"11"，单击 确定 按钮，如图3-16所示。

（2）在创建的表格各单元格中输入相应的内容，如图3-17所示。

图3-16 设置表格尺寸

图3-17 输入表格内容

（3）拖曳鼠标选择第一行单元格，在【表格工具 设计】→【行和列】组中单击"在上方插入"按钮，如图3-18所示。

（4）将鼠标光标移至插入的一行单元格左侧，当其变为形状时，单击鼠标选择该行，然后在【表格工具 设计】→【合并】组中单击"合并单元格"按钮，如图3-19所示。

图3-18 插入行

图3-19 合并单元格

（5）在合并的单元格中输入"应聘人员信息汇总表"，然后单击图标选择整个表格，如图3-20所示。

（6）在【表格工具 设计】→【表格样式】组的"样式"下拉列表框中选择"列表型3"选项，如图3-21所示。

图3-20 输入表格标题

图3-21 应用表格样式

（7）选择第一行合并的单元格，在【表格工具 布局】→【对齐方式】组中单击"水平居中"按钮，如图3-22所示。

（8）拖曳鼠标选择除第一行以外的所有行，在【表格工具 布局】→【对齐方式】组中单击"中部两端对齐"按钮，如图3-23所示。

图3-22 设置单元格对齐方式

图3-23 设置单元格对齐方式

（9）将鼠标光标移至第二行下方的边框上，当其变为 ÷ 形状时，按住鼠标左键不放并适当向下拖曳，增加该行行高，如图3-24所示。

（10）拖曳鼠标选择第一行单元格中的文本，在【开始】→【字体】组的"字号"下拉列表框中选择"三号"选项，如图3-25所示。

图3-24 调整行号

图3-25 设置字号

（11）拖曳鼠标选择第二行单元格，继续在【开始】→【字体】组中单击"加粗"按钮 B ，如图3-26所示。

（12）将鼠标光标移至第一列右侧的边框上，当其变为 ╫ 形状时，按住鼠标左键不放并适当向左拖曳，减少该列列宽，如图3-27所示。

图3-26 加粗文本

图3-27 调整列宽

（13）按相同方法，拖曳鼠标调整其他列的列宽，使每一行中的文本均呈一排显示，如图3-28所示。

（14）选择整个表格，在【开始】→【段落】组中单击"居中"按钮 ≡ ，如图3-29所示。最后将文档以"应聘人员信息"为名进行保存即可。

图3-28 调整列宽

图3-29 设置对齐方式

3.2 插入与编辑图片和剪贴画

图片和剪贴画是提升文档可读性的重要手段，在枯燥的文本中适时地使用图片和剪贴画，不仅能让文本具体化，使文档使用者可以更轻松地理解文本所要表达的含义，也能丰富文档本身，使其更加美观和生动。本节便将详细介绍如何在Word中使用图片和剪贴画。

3.2.1 插入图片和剪贴画

在Word中插入图片和剪贴画的方法分别如下。

◎ **插入图片**：将文本插入点定位到需插入图片的位置，在【插入】→【插图】组中单击"图片"按钮，打开"插入图片"对话框，在其中选择需插入的图片后，单击 插入(S) 按钮即可，如图3-30所示。

◎ **插入剪贴画**：将文本插入点定位到需插入剪贴画的位置，在【插入】→【插图】组中单击"剪贴画"按钮，打开"剪贴画"任务窗格。在"结果类型"下拉列表框中选中剪贴画类型对应复选框，在"搜索文字"文本框中输入描述剪贴画的关键字和词组，单击 搜索 按钮，稍后所有符合条件的剪贴画都将显示在下方的列表框中，单击所需的剪贴画即可插入到文档中，如图3-31所示。

图3-30 插入图片

图3-31 插入剪贴画

知识提示

剪贴画是Office办公软件提供的具有图片性质的对象，它包括插图、照片、视频、音频等类型。

3.2.2 调整图片和剪贴画

图片和剪贴画具有相似的性质，因此二者的调整方法也是相同的，下面以图片为例，具体介绍各种调整方法。

1. 调整图片大小、位置和角度

将图片插入到文档中后，单击选择图片，此时利用图片上出现的各种控制点便可实现对图

片的基本调整。

◎ **调整大小**：将鼠标光标定位到图片边框上出现的8个控制点之一，当其变为双向箭头形状时，按住鼠标左键不放并拖曳鼠标即可调整图片大小，如图3-32所示。其中四个角上的控制点可等比例同时调整图片的高度和宽度，不至于使图片变形；四条边中间的控制点可单独调整图片的高度或宽度，但图片会出现变形效果。

图3-32 调整图片大小的过程

◎ **调整位置**：选择图片后，将鼠标光标定位到图片上，按住鼠标左键不放并拖曳到文档中的其他位置，释放鼠标即可调整图片位置，如图3-33所示。

图3-33 调整图片位置的过程

◎ **调整角度**：调整角度即旋转图片，选择图片后将鼠标光标定位到图片上方出现的绿色控制点上，当其变为 形状时，按住鼠标左键不放并拖曳鼠标即可，如图3-34所示。

图3-34 调整图片角度的过程

知识提示　文档中的图片也可像文本一样进行剪切和复制等操作，且实现的方法也与文本完全相同。

2. 裁剪与排列图片

图片插入到文档中以后，可根据需要对图片进行裁剪和排列，使其能更好地配合文本所要表达的内容。

◎ **裁剪图片**：选择图片，在【图片工具 格式】→【大小】组中单击"裁剪"按钮 ，将鼠标光标定位到图片上出现的裁剪边框线上，按住鼠标左键不放并拖曳鼠标，释放鼠标后按【Enter】键或单击文档其他位置即可完成裁剪，如图3-35所示。

图3-35 裁剪图片的过程

◎ **排列图片**：排列图片是指设置图片周围文本的环绕方式。选择图片，在【图片工具 格式】→【排列】组中单击"自动换行"按钮，在弹出的下拉列表中选择所需环绕方式对应的选项即可，如图3-36所示即为应用"紧密型环绕"的效果。

图3-36　为图片设置环绕方式

3.2.3　美化图片和剪贴画

Word 2010提供了强大的美化图片和剪贴画的功能，选中图片和剪贴画后，在【图片工具 格式】→【调整】组和【图片工具 格式】→【图片样式】组中即可进行各种美化操作，如图3-37所示。其中部分参数的作用分别如下。

图3-37　美化图片和剪贴画的各种参数

◎ **"更正"按钮**：单击该按钮后，可在打开的下拉列表中选择Word预设的各种锐化和柔化，以及亮度和对比度效果。

◎ **"颜色"按钮**：单击该按钮后，可在打开的下拉列表中设置不同的饱和度和色调。

◎ **"艺术效果"按钮**：单击该按钮后，可在打开的下拉列表中选择Word预设的不同艺术效果。

◎ **"样式"下拉列表框**：在该下拉列表框中可快速为图片应用某种已设置好的图片样式。

◎ **图片边框 下拉按钮**：单击该按钮后，可在打开的下拉列表中设置图片边框的颜色、粗细、边框样式。

◎ **图片效果 下拉按钮**：单击该按钮后，可在打开的下拉列表中设置图片的各种效果，如阴影效果、发光效果等。

3.2.4　课堂案例2——使用图片丰富"公司基本情况"文档

本案例将在"公司基本情况"文档中插入图片来丰富文档内容，其中将主要涉及图片的插入、位置的移动、大小的调整、基本的美化设置操作。完成后的参考效果如图3-38所示。

素材所在位置　光盘:\素材文件\第3章\课堂案例2\公司基本情况.docx、公司全景.jpg

效果所在位置　光盘:\效果文件\第3章\课堂案例2\公司基本情况.docx

视频演示　　　光盘:\视频文件\第3章\使用图片丰富"公司基本情况"文档.swf

图3-38　"公司基本情况"文档的参考效果

（1）打开提供的素材文档，将文本插入点定位到最后面的段落标记处，然后在【插入】→【插图】组中单击"图片"按钮，如图3-39所示。

（2）打开"插入图片"对话框，在其中选择提供的"公司全景.jpg"图片选项，单击 插入(S) 按钮，如图3-40所示。

图3-39　定位文本插入点

图3-40　选择图片并插入

（3）选择插入图片所在的段落，按【Ctrl+X】组合键剪切，如图3-41所示。

（4）将文本插入点定位到第1段的"A公司"文本左侧，按【Ctrl+V】组合键粘贴图片，如图3-42所示。

图3-41　选择并剪切图片

图3-42　粘贴图片

（5）选择图片，向左下方拖曳右上角的控制点，适当缩小图片尺寸，如图3-43所示。

（6）保持图片的选择状态，在【开始】→【段落】组中单击"居中"按钮，如图3-44所示。

图3-43　缩小图片

图3-44　设置图片对齐方式

（7）选择【图片工具 格式】→【图片样式】组，在"样式"下拉列表框中选择如图3-45所示的样式选项。

（8）在【图片工具 格式】→【图片样式】组中单击 图片边框 按钮，在打开的下拉列表中选择如图3-46所示的颜色。

图3-45　应用图片样式

图3-46　更改边框颜色

（9）再次单击 图片边框 按钮，在打开的下拉列表中选择"粗细"选项，并在打开的列表框中选择"4.5磅"选项，如图3-47所示。

（10）在【图片工具 格式】→【调整】组中单击"更正"按钮 ，在打开的下拉列表中选择如图3-48所示亮度和对比度效果。

（11）按【Ctrl+S】组合键将文档以"公司基本情况"为名保存在桌面上即可完成本例的操作。

图3-47　设置边框粗细

图3-48　设置图片亮度和对比度

3.3 插入与编辑各种形状

形状不同于图片或剪贴画，它具有一些独特的性质和特点。Word 2010提供了大量的形状，编辑文档时合理地使用这些形状，不仅能提高效率，而且能提升文档的质量。本节将对形状的使用进行详细讲解。

3.3.1 插入形状

在【插入】→【插图】组中单击"形状"按钮 ，在打开的下拉列表中选择某种形状对应的选项，此时可执行以下任意一种操作完成形状的插入。

◎ **单击鼠标**：单击鼠标将插入默认尺寸的形状。
◎ **拖曳鼠标**：在文档编辑区中拖曳鼠标，至适当大小释放鼠标即可插入任意大小的形状。

3.3.2 调整形状

选择插入的形状，可按调整图片的方法对其大小、位置、角度进行调整。除此以外，还可根据需要改变形状或编辑形状顶点。

◎ **更改形状**：选择形状后，在【绘图工具 格式】→【插入形状】组中单击 按钮，在打开的下拉列表中选择"更改形状"选项，在打开的列表框中选择需更改形状对应的选项即可，如图3-49所示。

图3-49　更改形状的过程

◎ **编辑形状顶点**：选择形状后，在【绘图工具 格式】→【插入形状】组中单击 按钮，在打开的下拉列表中选择"编辑顶点"选项，此时形状边框上将显示多个黑色顶点，选择某个顶点后，拖曳顶点本身可调整顶点位置；拖曳顶点两侧的白色控制点可调整顶点所连接线段的形状，如图3-50所示，按【Esc】键可退出编辑。

图3-50　编辑顶点的过程

3.3.3 美化形状

美化形状与美化图片和剪贴画的方法相似，选择形状后，在【绘图工具 格式】→【形状样式】组中即可进行各种美化操作，如图3-51所示。其中部分参数的作用分别如下。

图3-51　美化形状的各种参数

◎　**"样式"下拉列表框**：在该下拉列表框中可快速为形状应用某种已设置好的样式效果。

◎　形状填充 **按钮**：单击该按钮后，可在打开的下拉列表中设置形状的填充颜色，包括渐变填充、纹理填充、图片填充等多种效果可供选择。

◎　形状轮廓 **按钮**：单击该按钮后，可在打开的下拉列表中设置形状边框的颜色、粗细和边框样式。

◎　形状效果 **按钮**：单击该按钮后，可在打开的下拉列表中设置形状的各种效果，如阴影效果、发光效果等。

3.3.4　为形状添加文本

除线条和公式类型的形状外，其他形状都可进行文本的添加，其具体操作如下。

（1）选择形状，在其上单击鼠标右键，在弹出的快捷菜单中选择"添加文字"命令，如图3-52所示。

（2）此时形状中将出现文本插入点，输入需要的内容即可，如图3-53所示。

图3-52　添加文本

图3-53　输入文本

3.3.5　课堂案例3——使用形状制作企业网站LOGO

本案例将在"网站LOGO"文档中利用3种不同的形状完成LOGO的制作，其中除了形状的插入、设置、美化外，还将涉及形状的复制等操作。完成后的参考效果如图3-54所示。

图3-54　企业网站LOGO的参考效果

素材所在位置　光盘:\素材文件\第3章\课堂案例3\企业网站LOGO.docx
效果所在位置　光盘:\效果文件\第3章\课堂案例3\企业网站LOGO.docx
视频演示　　　光盘:\视频文件\第3章\使用形状制作企业网站LOGO.swf

（1）打开素材文档"企业网站LOGO.docx"，在【插入】→【插图】组中单击"形状"按钮，在打开的下拉列表中选择"基本形状"栏下的"平行四边形"选项，如图3-55所示。

（2）在文档编辑区中单击鼠标插入形状，拖曳右侧中间的控制点，适当减小形状宽度，如图3-56所示。

图3-55　选择形状

图3-56　插入并调整形状

（3）保持形状的选择状态，在【绘图工具 格式】→【形状样式】组的"样式"下拉列表框中选择如图3-57所示的样式选项。

（4）继续在"形状样式"组中单击 形状填充 按钮，在打开的下拉列表中选择如图3-58所示的填充颜色。

图3-57　设置样式

图3-58　填充形状

（5）再次单击 形状填充 按钮，在打开的下拉列表中选择"渐变"选项，在弹出的列表框中选择如图3-59所示的渐变效果。

（6）按住【Ctrl+Shift】组合键不放，向右拖曳鼠标，水平复制形状，如图3-60所示。

图3-59　设置渐变效果

图3-60　复制形状

（7）按住【Shift】键不放，单击加选左侧的形状，然后将两个形状同时向右拖曳到文本上方，如图3-61所示。

（8）在【插入】→【插图】组中单击"形状"按钮🗔，在打开的下拉列表中选择"基本形状"栏下的"空心弧"选项，如图3-62所示。

图3-61　移动形状

图3-62　选择形状

（9）在【绘图工具 格式】→【形状样式】组中单击 形状填充 · 按钮，在打开的下拉列表中选择如图3-63所示的填充颜色。

（10）继续在该组中单击 形状轮廓 · 按钮，在打开的下拉列表中选择"无轮廓"选项，如图3-64所示。

图3-63　填充形状

图3-64　设置形状边框

（11）拖曳形状至如图3-65所示的位置，操作时可利用键盘上的方向键进行微调。

（12）保持形状的选择状态，单击 形状效果 · 按钮，在打开的下拉列表中选择"阴影"选项，在打开的子列表中选择如图3-66所示的阴影选项。

图3-65　移动形状

图3-66　设置阴影效果

（13）利用"形状"按钮🗔选择矩形，在文档编辑区中拖曳鼠标插入形状，高度尽量控制得较小，如图3-67所示。

（14）将插入的矩形填充颜色设置为"白色"，边框设置为无颜色，然后将其移动到如图3-68所示的位置。

图3-67 插入形状   图3-68 设置并移动形状

（15）按住【Ctrl+Shift】组合键不放，向下拖曳鼠标，垂直复制形状，如图3-69所示。

（16）按相同方法再次复制形状，完成后保存文档即可完成本例的操作，如图3-70所示。

图3-69 复制形状   图3-70 复制形状

3.4 插入与编辑SmartArt

SmartArt是一种具有设计师水准的图形对象，它具有合理的布局、统一的主题、层次分明的结构等优点，是有效提高文档专业性和编辑效率的实用工具。本节将重点讲解SmartArt的插入、调整、文本输入和美化等操作。

3.4.1 插入SmartArt

在Word文档中可轻松利用向导对话框插入所需的SmartArt，其具体操作如下。

（1）在【插入】→【插图】组中单击"SmartArt"按钮，打开"选择SmartArt图形"对话框，在左侧的列表框中选择某种类型选项，如"流程"，在右侧的列表框中选择具体的SmartArt，单击 确定 按钮，如图3-71所示。

（2）此时即可在当前文本插入点的位置插入选择的SmartArt，如图3-72所示。

图3-71 选择SmartArt   图3-72 插入的SmartArt

3.4.2　调整SmartArt结构

SmartArt具有特定的层级结构，这些结构通过对应的形状有机地组合在一起，能够更加准确且清晰地表达内容。为方便使用，SmartArt允许对其结构进行调整。

1.　添加形状

添加形状的方法为：选择SmartArt中的某个形状，在【SmartArt工具 设计】→【创建图形】组中单击 添加形状 按钮右侧的下拉按钮 ，在打开的下拉列表中选择需添加的对象，如图3-73所示。

图3-73　添加形状的过程

知识提示

"在后面添加形状"和"在前面添加形状"是指添加同级形状；"在上方添加形状"是指添加上级形状；"在下方添加形状"是指添加下级形状；"添加助理"是指在上级和下级之间添加形状。

2.　调整形状

调整形状是指更改当前形状的级别或位置，其方法为：选择SmartArt中的某个形状后，在【SmartArt工具 设计】→【创建图形】组中利用如图3-74所示的几种按钮进行调整即可。各按钮的作用分别如下。

◎ 升级 **按钮**：将形状提升一个级别。

◎ 降级 **按钮**：将形状下降一个级别。

◎ 上移 **按钮**：在同级别中将形状向前移动一个位置。

◎ 下移 **按钮**：在同级别中将形状向后移动一个位置。

图3-74　调整形状的按钮

3.　删除形状

删除形状的方法很简单，只需选择形状后按【Delete】键即可。

3.4.3　输入SmartArt内容

一般情况下，当需要在某个形状中输入文本时，只需选择该文本，然后单击鼠标将文本插入点定位到其中即可输入。但对于新添加的形状而言，需要在其上单击鼠标右键，在弹出的快捷菜单中选择"编辑文字"命令，才能定位文本插入点。

如果需要对整个SmartArt进行文本输入操作，则可选择SmartArt，在【SmartArt工具 设计】→【创建图形】组中单击 文本窗格 按钮，在打开的文本窗格中进行输入，如图3-75所示。其中常见的操作有如下几种。

◎ **输入文本**：单击形状对应的文本位置，定位文本插入点后即可输入内容。

◎ **增加同级形状**：在当前插入点位置按【Enter】键可增加同级形状并输入文本。

◎ **增加下级形状**：在当前文本插入点位置按【Tab】键可将当前形状更改为下级形状，并输入文本。

◎ **增加上级形状**：在当前文本插入点位置按【Shift+Tab】组合键可将当前形状更改为上级形状，并输入文本。

图3-75　在文本窗格中输入文本

◎ **删除形状**：利用【Delete】键或【BackSpace】键可删除当前插入点所在项目中的文本，同时删除对应的形状。

3.4.4　美化SmartArt

SmartArt相对于普通的图片、形状而言要复杂一些，因此美化的操作也更多，下面重点介绍常见的美化SmartArt的方法。

1.　美化SmartArt布局

美化SmartArt布局包括设置悬挂方式和更改SmartArt类型两种操作，实现方法分别如下。

◎ **设置悬挂方式**：此操作主要针对SmartArt中某个形状包含下级形状时，这些下级形状的布局方式。选择任意上级形状，在【SmartArt工具 设计】→【创建图形】组中单击 布局 按钮，在打开的下拉列表中选择需要的悬挂方式对应的选项即可，如图3-76所示。

◎ **更改SmartArt类型**：选择SmartArt，在【SmartArt工具 设计】→【布局】组的"类型"下拉列表框中即可选择所需的其他SmartArt类型，如图3-77所示。若在其中选择"其他布局"选项，在可在打开的对话框中选择更多的SmartArt类型。

图3-76　设置SmartArt悬挂方式

图3-77　选择其他SmartArt类型

2.　美化SmartArt样式

SmartArt样式主要包括主题颜色和主题形状样式两种，设置方法为：选择SmartArt，在【SmartArt工具 设计】→【SmartArt样式】组中进行设置即可，如图3-78所示。其中部分参数的作用分别如下。

图3-78　设置SmartArt样式的相关参数

◎ **"更改颜色"按钮**：单击该按钮后，可在打开的下拉列表中选择Word预设的某种主题颜色以应用到SmartArt。

◎ **"样式"下拉列表框**：在该下拉列表框中可选择Word预设的某种主题形状样式以应用到SmartArt，包括建议的匹配样式和三维样式等可供选择。

3. 美化单个形状

SmartArt中的单个形状相当于前面讲解的形状对象，因此其设置方法也与其相同。选择某个形状后，在【SmartArt工具 格式】→【形状】组和【SmartArt工具 格式】→【形状样式】组中即可进行设置，如图3-79所示。

图3-79 设置SmartArt中单个形状的相关参数

3.4.5 课堂案例4——使用SmartArt制作利润图

本案例将在"生产管理"文档中利用SmartArt快速制作出利润图，其中将重点涉及SmartArt的插入、文本的输入、格式的设置等操作。完成后的参考效果如图3-80所示。

素材所在位置	光盘:\素材文件\第3章\课堂案例4\生产管理.docx
效果所在位置	光盘:\效果文件\第3章\课堂案例4\生产管理.docx
视频演示	光盘:\视频文件\第3章\使用SmartArt制作利润图.swf

图3-80 "生产管理"文档中的利润图参考效果

（1）打开素材文档"生产管理.docx"，将文本插入点定位到最后的段落标记处，然后在【插入】→【插图】组中单击"SmartArt"按钮，如图3-81所示。

（2）打开"选择SmartArt图形"对话框，在左侧的列表框中选择"循环"选项，在右侧的列表框中选择"分离射线"选项，单击 确定 按钮，如图3-82所示。

图3-81　定位插入点

图3-82　选择SmartArt类型

（3）保持插入的SmartArt的选择状态，在【SmartArt工具 设计】→【创建图形】组中单击 文本窗格 按钮，如图3-83所示。

（4）打开文本窗格，单击第一个项目定位文本插入点，然后输入"利润"，如图3-84所示。

图3-83　打开文本窗格

图3-84　输入文本

（5）单击第二个项目定位文本插入点，然后输入"订单管理"，如图3-85所示。

（6）按相同方法继续输入其他项目的文本内容，如图3-86所示。

图3-85　输入文本

图3-86　输入文本

（7）在当前文本插入点处按【Enter】键创建同级形状，继续输入文本，完成后单击"关闭"按钮⊠关闭文本窗格，如图3-87所示。

（8）选择整个SmartArt，在【SmartArt工具 设计】→【SmartArt样式】组中单击"更改颜色"按钮，在打开的下拉列表中选择如图3-88所示颜色选项。

图3-87　输入同级文本

图3-88　设置主题颜色

（9）继续在"SmartArt样式"组的"样式"下拉列表框中选择如图3-89所示的主题样式。

（10）选择【开始】→【字体】组，在"字体"下拉列表框中选择"微软雅黑"选项，单击

"增大字号"按钮 A 将字号设置为"9+",单击"加粗"按钮 B 加粗字体,如图3-90所示。

图3-89 设置主题样式

图3-90 设置文本格式

(11)选择"利润"文本所在的形状,单击"缩小字体"按钮 A 将字号设置为"20",如图3-91所示。

(12)保持"利润"形状的选择状态,在【SmartArt工具 格式】→【形状样式】组的"样式"下拉列表框中选择如图3-92所示的样式选项,最后保存文档即可。

图3-91 设置形状字号

图3-92 设置形状样式

3.5 插入与编辑文本框

文本框可以被置于文档页面中的任何位置,而且文本框中可以放置文本、图片、表格等各种对象,因此它是Word排版的有效工具之一。本节将主要介绍文本框的插入、编辑、美化等操作。

3.5.1 插入文本框并输入文本

在Word 2010中插入文本框的方法有如下几种。

◎ **插入预设的文本框**:在【插入】→【文本】组中单击"文本框"下拉按钮,在打开的下拉列表中即可选择所需样式的预设文本框,如图3-93所示。若在打开的下拉列表中选择"Office.com中的其他文本框"命令,可在打开的子列表中选择更多的文本框选项。

◎ **绘制文本框**:在【插入】→【文本】组中单击"文本框"按钮,在打开的下拉列表中选择"绘制文本框"选项,此时鼠标光标将变为十字光标状态,在文档编辑区中按住鼠标左键不放并拖曳鼠标即可绘制文本框，如图3-94所示。

◎ **绘制竖排文本框**：在【插入】→【文本】组中单击"文本框"按钮 ，在打开的下拉列表中选择"绘制竖排文本框"选项，按绘制文本框的方法在文档编辑区中绘制竖排文本框即可。

插入或绘制文本框后，即可在文本框中的文本插入点处输入所需文本，其中竖排文本框的文本按从上至下、从左至右的方向显示。

图3-93 选择预设的文本框

图3-94 绘制文本框

3.5.2 编辑与美化文本框

文本框具有与形状相同的特性，因此其编辑和美化操作与形状的编辑和美化操作也相同。分别介绍如下。

◎ **编辑文本框**：拖曳文本框边框上的控制点可调整文本框大小；拖曳文本框上方的绿色控制点可旋转文本框；将鼠标光标移至文本框边框上，当其变为 形状时，拖曳鼠标可移动文本框位置。

◎ **美化文本框**：在文本框边框上单击鼠标选择文本框，此时可在【绘图工具 格式】【形状样式】组中对其进行美化，操作与美化形状相同。

知识提示

若要美化文本框中的文本，只需在选择文本后，在【开始】→【字体】组和【开始】→【段落】组中进行设置。

3.5.3 课堂案例5——使用文本框制作海报标题

本案例将使用文本框完成海报标题的制作，其中将涉及文本框的绘制、编辑、美化，以及文本的美化操作。完成后的参考效果如图3-95所示。

图3-95 "海报"文档的参考效果

素材所在位置	光盘:\素材文件\第3章\课堂案例5\海报.docx
效果所在位置	光盘:\效果文件\第3章\课堂案例5\海报.docx
视频演示	光盘:\视频文件\第3章\使用文本框制作海报标题.swf

（1）打开素材文档"海报.docx"，在"插入"选项卡"文本"组中单击"文本框"下拉按钮，在打开的下拉列表中选择"绘制文本框"选项，如图3-96所示。

（2）在文档中的图片上拖曳鼠标绘制文本框，如图3-97所示。

图3-96　通过绘制创建文本框

图3-97　绘制文本框

（3）释放鼠标，在文本框中输入相应的文本内容，如图3-98所示。

（4）选择输入的文本，在【开始】→【字体】组中将字体设置为"华文行楷"、字号设置为"一号"、颜色设置为"白色"，如图3-99所示。

图3-98　输入文本

图3-99　设置文本格式

（5）单击文本框边框将其选中，在【绘图工具 格式】→【形状样式】组中单击 形状填充 按钮，在打开的下拉列表中选择"无填充颜色"选项，如图3-100所示。

（6）继续在"形状样式"组中单击 形状轮廓 按钮，在打开的下拉列表中选择"无轮廓"选项，如图3-101所示。

图3-100　取消文本框填充颜色

图3-101　取消文本框边框颜色

（7）拖曳文本框右下角的控制点，将文本框大小调整到刚好能完整显示文本的效果，如图3-102所示。

（8）在文本框边框上拖曳鼠标，将其移动到如图3-103所示的位置，保存文档即可。

图3-102　调整文本框大小

图3-103　移动文本框

3.6　插入与编辑艺术字

艺术字可以看做是预设了文本格式的文本框，由于其醒目的特性，经常用于在制作突出的标题、关键词等易于吸引眼球的文本对象。下面介绍如何插入与编辑艺术字。

3.6.1　插入艺术字并输入文本

在Word 2010中可以方便快捷地插入艺术字，其方法为：选择【插入】→【文本】组，单击"艺术字"按钮，在弹出的下拉列表中选择所需的艺术字样式，然后在文档编辑区中输入插入的艺术字的内容即可，如图3-104所示。

图3-104　插入并输入艺术字的过程

3.6.2　编辑与美化艺术字

由于艺术字相当于预设了文本格式的文本框，因此其编辑与美化操作与文本框完全相同，这里重点介绍更改艺术字形状的方法，此方法文本框也同样适用：选择艺术字，在【绘图工具格式】→【艺术字样式】组中单击 文本效果 按钮，在打开的下拉列表中选择"转换"选项，再在打开的子列表中选择某种形状对应的选项即可，如图3-105所示。

图3-105　更改艺术字形状的过程

3.6.3 课堂案例6——使用艺术字制作促销关键词

本案例将使用艺术字制作文档中的促销关键词,其中将重点练习艺术字的插入、输入、编辑、美化等操作。完成后的参考效果如图3-106所示。

素材所在位置　光盘:\素材文件\第3章\课堂案例6\促销策划.docx
效果所在位置　光盘:\效果文件\第3章\课堂案例6\促销策划.docx
视频演示　　　光盘:\视频文件\第3章\使用艺术字制作促销关键词.swf

图3-106 "促销策划"文档的参考效果

(1)打开素材文档"促销策划.docx",在【插入】→【文本】组中单击"艺术字"按钮 ，在打开的下拉列表中选择如图3-107所示的样式选项。

(2)在创建的艺术字中输入文本内容,如图3-108所示。

图3-107 选择艺术字样式

图3-108 输入艺术字内容

(3)选择艺术字文本,在【开始】→【字体】组中将字体设置为"方正小标宋简体"、字号设置为"60",如图3-109所示。

(4)选择艺术字,在【绘图工具 格式】→【艺术字样式】组中单击 文本效果 按钮,在打开的下拉列表中选择"转换"选项,再在打开的子列表中选择如图3-110所示的选项。

图3-109 设置艺术字文本格式

图3-110 设置艺术字形状

（5）选择艺术字，在其边框上拖曳鼠标，将其移动到如图3-111所示的位置。

（6）保持艺术字的选择状态，在【绘图工具 格式】→【艺术字样式】组中单击 文本效果 下拉按钮，在打开的下拉列表中选择"发光"选项，再在打开的子列表中选择如图3-112所示的选项。最后保存文档完成操作。

图3-111 移动艺术字

图3-112 设置艺术字发光效果

3.7 课堂练习

本次课堂练习将分别制作年终产品宣传单和员工手册封面，通过这两个练习进一步巩固本章介绍到的表格、图片、剪贴画、形状、SmartArt、文本框、艺术字等对象的使用方法。

3.7.1 制作年终产品宣传单

1. 练习目标

本练习的目标是制作产品宣传单，其中重点介绍产品促销信息、产品图片、产品特点等内容。制作时将重点涉及图片、艺术字、表格的使用。完成后的参考效果如图3-113所示。

图3-113 "年终产品宣传单"文档的参考效果

素材所在位置	光盘:\素材文件\第3章\课堂练习\年终产品宣传单
效果所在位置	光盘:\效果文件\第3章\课堂练习\年终产品宣传单.docx
视频演示	光盘:\视频文件\第3章\制作年终产品宣传单.swf

2. 操作思路

完成本次练习需要先在文档中插入并美化3幅产品图片，然后创建艺术字来制作产品特点标题，最后使用表格来显示具体的产品特点信息等，其操作思路如图3-114所示。

① 插入图片　② 创建艺术字　③ 插入表格

图3-114　"年终产品宣传单"文档的制作思路

（1）打开素材文档"年终产品宣传单.docx"，插入"cp1.jpg"图片，缩小高度和宽度，应用"金属椭圆"样式，将环绕方式设置为"紧密型"，放置到促销信息文本上。

（2）插入"cp2.jpg"图片，缩小为与前一幅图片相同大小，应用相同样式，环绕方式设置为"浮于文字上方"，放置到"cp1.jpg"图片右下方，适当重叠。

（3）插入"cp3.jpg"图片，按处理"cp2.jpg"图片的方法进行设置，放置到"cp1.jpg"图片左下方，边缘适当重叠。

（4）创建预设样式为第一列第四行的艺术字，文本为"产品特点"，设置字体格式为"华文新魏、小初、加粗"，文本转换效果为"下弯弧"，放置在"cp3.jpg"图片下方。

（5）创建3行2列的表格，输入表格内容。将文本格式设置为"华文楷体、小四、加粗、白色"。

（6）选择整个表格，移动到艺术字下方，然后单击【表格工具 设计】→【表格样式】组中的边框按钮在打开的下拉列表中，选择"边框和底纹"选项，在打开的对话框中将边框颜色设置为"白色"，最后保存文档。

3.7.2 制作员工手册封面文档

1. 练习目标

本练习的目标是制作员工手册封面，其中涉及的重点操作主要包括文本框的使用、剪贴画的搜索与插入、SmartArt的应用、形状的绘制。完成后的参考效果如图3-115所示。

素材所在位置	光盘:\素材文件\第3章\课堂练习\员工手册封面.docx
效果所在位置	光盘:\效果文件\第3章\课堂练习\员工手册封面.docx
视频演示	光盘:\视频文件\第3章\制作员工手册封面文档.swf

图3-115　"员工手册封面"文档的参考效果

2. 操作思路

完成本练习需要先在文档中插入文本框输入手册封面的文字，然后插入剪贴画和SmartArt装饰封面，最后绘制形状制作装订栏，其操作思路如图3-116所示。

① 插入文本框和剪贴画

② 创建SmartArt

③ 绘制形状

图3-116　"员工手册封面"文档的制作思路

（1）打开素材文档"员工手册封面.docx"，插入"奥斯汀提要栏"样式的文本框，在蓝色文本区域输入"员工手册"，按【Enter】键换行输入两段该文本的英文单词。在灰色文本区域输入"公司机密·请妥善保管"文本。

（2）将"员工手册"文本格式设置为"方正小标宋简体、小初、加粗"；将英文单词所在的两段文本格式设置为"方正小标宋简体、20"，行距设置为"固定值-18磅"。

（3）打开"剪贴画"窗格，选中所有类型对应的复选框，单击撤销"包括Office.com内容"复选框，在无关键字的情况下搜索剪贴画，然后将"businessman"剪贴画插入到文档。

（4）将剪贴画设置为"浮于文字上方"，适当缩小尺寸，将颜色设置为"蓝色 强调文字颜色1 浅色"样式，放置与文本框中下方的空白区域。

（5）插入"关系-循环关系"样式的SmartArt，利用文本窗格输入文本，其中需要利用【Enter】键创建两个同级形状。

（6）将SmartArt设置为"浮于文字上方"，适当缩小尺寸，放置与文本框右侧。

（7）将文本格式设置为"华文中宋、16"，将颜色设置为"强调文字颜色1"栏下的第四种样式，将SmartArt样式设置为"三维"栏下的第一种样式。

（8）利用【Shift】键绘制椭圆，即绘制出正圆形状，适当缩小尺寸，应用"彩色填充-黑色，深色1"样式。

（9）创建空心弧形状，应用与正圆相同的样式，旋转空心弧，并增加其宽度，然后与正圆放置在一起，并置于文档左边界。

（10）利用【Shift】键同时选择两个形状，并利用【Ctrl+Shift】组合键向下垂直复制多个对象。最后保存文档。

3.8 拓 展 知 识

美化文档时，为丰富文档内容，可能会插入多个图片、剪贴画、文本框、形状等对象，下面就以多个形状为例，介绍存在多个对象时，如何对其进行分布、叠放、组合、对齐等操作。

◎ **组合与取消组合对象**：利用【Shift】键加选需组合的多个对象，在【绘图工具 格式】→【排列】组中单击 组合 下拉按钮，在打开的下拉列表中选择"组合"选项即可将多个对象组合为一个对象，如图3-117所示。选中组合的对象，再次单击 组合 下拉按钮，在打开的下拉列表中选择"取消组合"选项即可取消组合该对象。

◎ **对齐对象**：利用【Shift】键加选需组合的多个对象，在【绘图工具 格式】→【排列】组中单击 对齐 下拉按钮，在打开的下拉列表中选择所需方向对应的选项即可快速对齐多个对象。如图3-118所示即为左对齐对象的效果。

图3-117 组合对象　　　　　　　　　　图3-118 对齐对象

◎ **分布对象**：利用【Shift】键加选需组合的多个对象，在【绘图工具 格式】→【排列】组中单击 对齐 下拉按钮，在打开的下拉列表中选择"横向分布"或"纵向分布"选项，即可快速使多个对象之间的间隔相同，达到平均分布的效果。如图3-119所示即为横向分布多个对象的过程。

图3-119 横向分布对象

◎ **调整对象叠放次序**：默认状态下，后插入的对象将叠放在先插入的对象上方，根据需要，可随时调整对象的叠放次序，其方法为：选择对象，在其上单击鼠标右键，在弹出的快捷菜单中选择"置于顶层"命令或"置于底层"命令，如图3-120所示，可将对象快速置于所有对象之上或所有对象之下；选择这两个命令下的子命令，即"上移一层"或"下移一层"命令，则可逐步调整对象的叠放次序。

图3-120　将对象置于顶层

3.9 课 后 习 题

（1）新建文档，利用表格、图片、艺术字等对象制作花卉展相关内容，完成的参考效果如图3-121所示。

提示：插入6行3列的表格，在其中依次插入素材图片并输入对应的花卉名称。为表格应用"中等深浅网格1-强调文字颜色6"样式，文本格式为"华文楷体、加粗"，表格内容居中对齐，通过调整图片大小和裁剪图片等方式适当调整图片。插入艺术字，样式为第四行第二列对应的效果，放置在文档上方，将表格下移。

素材所在位置　　光盘:\素材文件\第3章\课后习题\花卉
效果所在位置　　光盘:\效果文件\第3章\课后习题\温室花卉展.docx
视频演示　　　　光盘:\视频文件\第3章\制作"温室花卉展"文档.swf

（2）新建文档，用SmartArt和文本框制作管理层结构图，完成的参考效果如图3-122所示。

提示：插入"组织结构图"样式的SmartArt，设置字体为"华文中宋"，将颜色设置为"彩色"栏的第四种效果，样式设置为"三维"栏的第五种效果。绘制竖排文本框，将边框和填充颜色均设置为"无"，字体格式为"方正小标宋简体、四号"。

效果所在位置　　光盘:\效果文件\第3章\课后习题\管理层结构图.docx
视频演示　　　　光盘:\视频文件\第3章\制作"管理层结构图"文档.swf

图3-121　"温室花卉展"文档参考效果

图3-122　"管理层结构图"文档参考效果

第4章

编辑长篇Word文档

本章将主要介绍在编辑长篇Word文档时的各种操作方法和使用技巧，主要包括大纲视图、书签、脚注、尾注、样式、页眉、页脚、目录、索引、文档打印等内容。通过学习，可以轻松应付长篇文档的查看、修改、打印等各种实际操作。

 学习要点

◎ 大纲试图、书签、脚注与尾注的使用
◎ 使用样式
◎ 制作页眉与页脚
◎ 创建目录和索引
◎ 打印文档

 学习目标

◎ 掌握大纲视图的使用方法
◎ 了解书签、脚注、尾注的应用
◎ 熟悉样式的编辑操作
◎ 掌握页眉与页脚的制作方法
◎ 了解目录、索引的插入操作
◎ 掌握打印文档的方法

4.1 长文档常用编辑操作

由于Word文档可能存在篇幅很长的情况，为了提高办公效率，Word 2010提供了一些特别的功能，以帮助用户处理这些长文档。本节将重点介绍大纲视图、书签、脚注、尾注等功能的使用方法。

4.1.1 使用大纲视图查看与编辑文档

大纲视图的特点是显示了文档所有级别的标题，使文档大纲结构清晰地显示出来。使用大纲视图来查看与编辑长篇文档，不仅思路清晰，而且能避免在编辑过程中出错。

1. 切换到大纲视图

使用大纲视图查看文档需要首先切换到该视图中，其方法为：在【视图】→【文档视图】组中单击"大纲视图"按钮 ，此时即可在大纲视图模式下查看文档，如图4-1所示即为默认的页面视图与大纲视图显示内容的对比效果。

图4-1 页面视图与大纲视图的对比效果

2. 利用大纲视图组织文档

进入大纲视图模式后，功能区会自动显示"大纲"选项卡，如图4-2所示，利用其中的各参数便能轻松对长篇文档进行查看和编辑操作，使用方法为：将文本插入点定位到标题段落中，单击相应按钮或设置参数即可。部分参数的作用分别如下。

图4-2 "大纲"选项卡中的各种参数

◎ "提升到标题1"按钮 ：单击该按钮，将标题段落提升为大纲结构下的"标题1"级别。

◎ "升级"按钮 ：单击该按钮，将标题段落提升为大纲结构下的上一级级别。

◎ "大纲级别"下拉列表框：单击右侧的下拉按钮 ，可在下拉列表中将标题段落设置为大纲结构下的任意级别。

◎ "降级"按钮 ：单击该按钮，将标题段落提升为大纲结构下的下一级级别。

◎ "降级为正文"按钮 ：单击该按钮，将标题段落降级为大纲结构下的正文级别。

◎ "上移"按钮 ：将标题段落上移一个段落。

◎ **"下移"按钮** ▼：单击该按钮，将标题段落下移一个段落。

◎ **"展开"按钮** ＋：单击该按钮，展开标题段落包含的下级标题段落。

◎ **"折叠"按钮** －：单击该按钮，将标题段落包含的下级标题段落折叠隐藏。

◎ **"显示级别"下拉列表框**：单击右侧的下拉按钮 ▼，可在下拉列表中设置大纲视图当前显示的标题级别。

4.1.2 创建书签

书签是一种用于记录文档位置而插入的特殊符号，通过它能够方便地在长文档中定位需要的内容。

1. 添加书签

使用书签定位需要首先在文档中添加书签，其方法为：将文本插入点定位到需插入书签的位置，在【插入】→【链接】组中单击"书签"按钮，打开"书签"对话框，在"书签名"文本框中输入书签的名称，单击 添加(A) 按钮即可，如图4-3所示。

图4-3　添加书签的过程

2. 使用与编辑书签

添加书签后，便可在打开文档后，快速定位书签，或对已有书签进行其他编辑操作。

◎ **定位书签**：打开"书签"对话框，在其中的列表框中双击需定位的书签选项，文本插入点将快速定位到该处。

◎ **删除书签**：打开"书签"对话框，在其中的列表框中选择某个书签选项，单击右侧的 删除(D) 按钮。

4.1.3 插入脚注与尾注

脚注和尾注均用于对文档中的一些文本进行解释、延伸、批注，其中脚注一般位于每一页的下方，尾注位于文档结尾。当文档中存在一些不易理解或需要注明引用出处的内容时，便可利用脚注和尾注功能来轻松实现。

1. 插入脚注

在Word 2010中插入脚注的具体操作如下。

（1）选择需插入脚注的文本内容，如这里选择"联营体"文本，在组中单击"插入脚注"按钮，如图4-4所示。

（2）此时文本插入点将自动跳转到本页最下方，输入需要的脚注内容即可，如图4-5所示。

图4-4 选择需插入脚注的文本

图4-5 输入脚注内容

2. 插入尾注

插入尾注的方法与脚注类似，不同的是尾注将显示在文档结尾，其方法为：选择需插入尾注的文本内容，在组中单击 插入尾注 按钮，在文本插入点处输入需要的尾注内容即可。

4.1.4 课堂案例1——编辑"工资制度"文档

利用大纲视图查看并调整文档中错误的标题结构，然后在"第四章"所在段落插入书签以便快速定位，最后创建尾注表明此文档引用的文件。完成后的参考效果如图4-6所示。

素材所在位置	光盘:\素材文件\第4章\课堂案例1\工资制度.docx
效果所在位置	光盘:\效果文件\第4章\课堂案例1\工资制度.docx
视频演示	光盘:\视频文件\第4章\编辑"工资制度"文档.swf

> 4. 各类补贴、津贴依据公司各类补贴管理办法，计入工资总额；
> 5. 被公司聘为中、高级的专业技术人员，岗位工资可向上浮动1～2级；
> 6. 在工作中表现杰出、成绩卓著的特殊贡献者，因故能晋升职务的，可提高其工资待遇，晋升岗位工资等级。
>
> **第五章 非正式员工工资制**
>
> 第十七条 适用范围，订立非正式员工劳动合同的临时工、离退休返聘人员。
> 第十八条 工资模式，简单等级工资制。见非正式员工工资标准表。
> 第十九条 人事部牵头会同行政部、财务部对非正式员工的工作业绩、经营成果、出勤、各种假期、加班值班情况汇总，确定在其标准工资基础上的实发工资总额。
>
> 第二十条 非合同工享有的各种补贴、津贴一并在月工资中支付。
>
> **第六章 附 则**
>
> 第二十一条 公司每月支薪日为 10 日。
> 第二十二条 公司派驻下属企业人员工资由本公司支付。
> 第二十三条 公司短期借调员工工资由借用单位支付。
> 第二十四条 公司实行每年 13 个月工资制，即年底发双月薪。
> 第二十五条 以上工资均为含税工资，根据国家税法，由公司统一按个人所得税标准代扣代缴个人所得税。
> 第二十六条 本方案经董事会批准实行，解释权在董事会。
>
> 1 本制度引用于总公司最新公布的《公司员工管理制度》

图4-6 "工资制度"文档的参考效果

（1）打开素材文档"工资制度.docx"，在【视图】→【文档视图】组中单击"大纲视图"按钮，如图4-7所示。

（2）进入大纲视图模式，在【大纲】→【大纲工具】组的"显示级别"下拉列表框中选择"2级"选项，如图4-8所示。

图4-7　进入大纲视图

图4-8　调整显示级别

（3）将文本插入点定位到"第六条"标题段落中，单击【大纲】→【大纲工具】组中的"上移"按钮 ▲ 如图4-9所示。

（4）保持该段落的选择状态，单击【大纲】→【大纲工具】组中的"降级"按钮 ，如图4-10所示。

图4-9　上移标题段落位置

图4-10　降低标题段落级别

（5）选中"第七条"标题段落下的3个段落，单击【大纲】→【大纲工具】组中的"降级"按钮 ，如图4-11所示。

（6）保持所选段落的选择状态，单击"大纲工具"组中的"上移"按钮 ▲，然后单击【大纲】→【关闭】组中的"关闭大纲视图"按钮 ，如图4-12所示。

图4-11　降低标题段落级别

图4-12　上移标题段落位置

（7）将文本插入点定位到"第四章"文本左侧，在【插入】→【链接】组中单击"书签"按钮 ，如图4-13所示。

（8）打开"书签"对话框，在"书签名"文本框中输入"第四章"，单击 添加(A) 按钮，如图
4-14所示。

图4-13 插入书签

图4-14 添加书签

（9）拖曳鼠标选择文档最后的"本方案"文本，在【引用】→【脚注】组中单击 插入尾注 按
钮，如图4-15所示。

（10）直接在文本插入点处输入尾注内容，完成后保存文档完成本例的操作，如图4-16
所示。

图4-15 插入尾注

图4-16 输入尾注内容

4.2 使用样式

样式是指多种格式的集合，如字体格式、段落格式、表格格式、图片格式等。长篇文档中
往往会要求统一不同标题的格式，如果重复相同设置，不仅浪费时间，也可能人为出错。此时
若借助样式这一功能，便能轻松地统一不同对象的格式。本节就将详细介绍样式的创建、应
用、修改、删除等操作。

4.2.1 创建样式

根据实际工作的需要，可以随时创建符合要求的样式，其具体操作如下。

（1）在文档中为文本或段落设置需要的格式。

（2）在【开始】→【样式】组中单击"样式"下拉列表框右侧的下拉按钮 ▾，在打开的下拉
列表中选择"将所选内容保存为新快速样式"选项。

（3）打开"根据格式设置创建新样式"对话框，在"名称"文本框中输入样式的名称，单击 确定 按钮，如图4-17所示。

图4-17 创建样式的过程

4.2.2 应用样式

应用样式的方法很简单，首先将文本插入点定位到要设置样式的段落中或选择要设置样式的字符或词组，在"开始"选项卡"样式"组中单击"样式"下拉列表框右侧的下拉按钮，在打开的下拉列表中选择需要应用的样式对应的选项即可。

4.2.3 修改样式

修改样式是指对已有样式的格式重新进行设置，其方法为：在【开始】→【样式】组中单击"样式"列表框右侧的下拉按钮 ，在打开的下拉列表中需进行修改的样式选项上单击鼠标右键，在弹出的快捷菜单中选择"修改"命令，此时将打开"修改样式"对话框，如图4-18所示，在其中可重新设置样式的名称和各种格式。

图4-18 修改样式

知识提示

在"修改样式"对话框中单击左下角的 格式(O) 按钮右侧的下拉按钮 ，可在打开的下拉列表中选择某种格式对应的选项，然后在打开的对话框中对该格式进行更为详细的设置。

4.2.4 删除样式

删除样式的方法与修改类似，只需在"样式"下拉列表框中需删除的样式选项上单击鼠标右键，在弹出的快捷菜单中选择"从快速样式库中删除"命令即可。

4.2.5 课堂案例2——使用样式美化"考核制度"文档

创建"制度标题"样式并应用于文档中的所有标题，根据应用后的情况重新设置该样式的段前段后距离。完成后的参考效果如图4-19所示。

素材所在位置 光盘:\素材文件\第4章\课堂案例2\考核制度.docx
效果所在位置 光盘:\效果文件\第4章\课堂案例2\考核制度.docx
视频演示 光盘:\视频文件\第4章\使用样式美化"考核制度"文档.swf

考 核 制 度

一、总则

第一条 为加强和提升员工绩效和本公司绩效，提高劳动生产率，增强企业活力，调动员工的工作
积极性，制定此考核制度。

第二条 绩效考核针对员工的工作表现。

第三条 本制度适用于公司内所有员工，包括试用期内的员工和临时工。

二、考核方法

第四条 对部门经理以上人员的考核，采取自我述职报告和上级主管考核综合评判的方法，每半年
考核一次，并以次为基础给出年度综合评判，具体见表。

第五条 对外地办事处经理和一般管理人员的考核，采取自我述职报告和上级主管考核综合评判的
方法，每个季度考核一次，并以次为基础给出年度综合评判，具体见表。

第六条 自我述职报告和上级考核在薪资待遇方面有如下体现：
年度综合评判为"A"者，在下一年将得到10%工资（不包括工龄工资）的增长；

图4-19 "考核制度"文档的参考效果

（1）打开素材文档"考核制度.docx"，选择标题下的第一段文本，将文本格式设置为"黑
体、三号、加粗"，如图4-20所示。

（2）保持文本段落的选择状态，在【开始】→【样式】组中单击"样式"下拉列表框右侧
的下拉按钮 ，在打开的下拉列表中选择"将所选内容保存为新快速样式"选项，如图
4-21所示。

图4-20 设置文本格式

图4-21 保存样式

（3）打开"根据格式设置创建新样式"对话框，在"名称"文本框中输入"制度标题"，单
击 确定 按钮，如图4-22所示。

（4）将文本插入点定位到"二、考核方法"段落，在【开始】→【样式】组的"样式"下拉
列表框中选择"制度标题"选项，为该段落应用此样式，如图4-23所示。

图4-22 设置样式名称

图4-23 应用样式

（5）按相同方法为"三、考核时间"和"四、绩效考核面谈"段落应用"制度标题"样式，如图4-24所示。

（6）在【开始】→【样式】组"样式"下拉列表框的"制度标题"选项上单击鼠标右键，在弹出的快捷菜单中选择"修改"命令，如图4-25所示。

图4-24　应用样式

图4-25　修改样式

（7）打开"修改样式"对话框，单击左下角的 格式(O)▾ 按钮，在打开的下拉列表中选择"段落"选项，如图4-26所示。

（8）在打开的对话框中将段前和段后的间距均设置为"0.5行"，单击 确定 按钮，如图4-27所示。此时文档中应用了该样式的段落将自动更新格式，保存文档即可完成本例的操作。

图4-26　设置段落格式

图4-27　设置段前段后距离

4.3　制作页眉与页脚

页眉与页脚是长篇文档中非常重要的对象，它不仅能起到统一文档的作用，还能对文档信息进行有效的补充说明。本节将主要介绍如何在文档中制作页眉与页脚。

4.3.1　创建与编辑页眉

页眉实际上可以位于文档中的任何区域，但根据文档的浏览习惯，页眉一般就是指文档中每个页面顶部区域内的对象，常用于补充说明公司标识、文档标题、文件名和作者姓名等。

1．创建页眉

在Word 2010中创建页眉的方法为：在【插入】→【页眉和页脚】组中单击"页眉"按钮，

在打开的下拉列表中选择某种预设的页眉样式选项，然后在文档中按所选的页眉样式输入所需的内容即可，如图4-28所示。

图4-28 创建预设页眉的过程

2. 编辑页眉

若需要自行设置页眉的内容和格式，则可在【插入】→【页眉和页脚】组中单击"页眉"按钮，在打开的下拉列表中选择"编辑页眉"选项，此时将进入页眉编辑状态，利用功能区的"页眉和页脚工具 设计"选项卡便可对页眉内容进行编辑，如图4-29所示。其中部分参数的作用分别如下。

图4-29 用于页眉编辑的各个参数

◎ "页码"按钮：单击该按钮，可在打开的下拉列表中设置需插入页码的位置和格式，也可选择"设置页码格式"选项自行设置页码的格式。

◎ "日期和时间"按钮：单击该按钮，可在打开的"日期和时间"对话框中设置需插入日期和时间的显示格式。

◎ "文档部件"按钮：单击该按钮，可在打开的下拉列表中选择需插入的与本文档相关的信息，如标题、单位、发布日期等。

◎ "图片"按钮：单击该按钮，可在打开的对话框中选择页眉中使用的图片。

◎ "剪贴画"按钮：单击该按钮，可在打开的任务窗格中选择页眉中使用的剪贴画。

◎ "首页不同"复选框：单击选中该复选框，可使文档第一页不显示页眉页脚。

◎ "奇偶页不同"复选框：单击选中该复选框，可单独设置文档奇数页和偶数页的页眉页脚。

◎ "关闭页眉和页脚"按钮：单击该按钮可退出页眉页脚编辑状态。

4.3.2 创建与编辑页脚

页脚一般位于文档中每个页面的底部区域，也用于显示文档的附加信息，如日期、公司标识、文件名、作者名等，但最常见的是在页脚中显示页码。创建页脚的方法为：在【插入】→【页眉和页脚】组中单击"页脚"按钮，在打开的下拉列表中选择某种预设的页脚样式选项，然后在文档中按所选的页脚样式输入所需的内容即可，操作与创建页眉相似。

编辑页脚也可按编辑页眉的方法，利用"页眉和页脚工具 设计"选项卡中的参数来实现。需要注意的是，页眉和页脚区域可像文档编辑区一样，创建各种文本、图片、图形等内容，操作不受任何限制。

4.3.3　课堂案例3——为"合同管理办法"添加页眉页脚

创建奇偶页不同的页眉页脚，奇数页页眉在右侧输入文档名称、页脚在左侧插入页码；偶数页页眉在左侧输入公司名称、页脚在右侧插入页码。完成后的参考效果如图4-30所示。

素材所在位置　光盘:\素材文件\第4章\课堂案例3\合同管理办法.docx
效果所在位置　光盘:\效果文件\第4章\课堂案例3\合同管理办法.docx
视频演示　　　光盘:\视频文件\第4章\为"合同管理办法"添加页眉页脚.swf

图4-30　"合同管理办法"文档的参考效果

（1）打开素材文档"合同管理办法.docx"，在【插入】→【页眉和页脚】组中单击"页眉"下拉按钮，在打开的下拉列表中选择"编辑页眉"选项，如图4-31所示。

（2）在【页眉和页脚工具 设计】→【选项】组中单击选中"奇偶页不同"复选框，如图4-32所示。

图4-31　编辑页眉　　　　　　　　　　图4-32　设置奇偶页不同

（3）在【页眉和页脚工具 设计】→【插入】组中单击"文档部件"按钮，在打开的下拉列表中选择"文档属性"选项，在打开的列表中选择"标题"选项，如图4-33所示。

（4）保持插入对象的选择状态，在【开始】→【段落】组中单击"文本右对齐"按钮，如图4-34所示。

图4-33 插入文档部件

图4-34 设置对齐方式

（5）在【页眉和页脚工具 设计】→【导航】组中单击"转至页脚"按钮，以便将文本插入点定位到页脚区域，如图4-35所示。

（6）单击"页码"按钮，在打开的下拉列表中选择"页面底端"选项，在打开的子列表中选择"普通数字1"选项，如图4-36所示。

图4-35 跳转到页脚

图4-36 选择页码样式

（7）拖曳鼠标选择插入的页码，在【开始】→【字体】组中单击"加粗"按钮，如图4-37所示。

（8）在第2页的页眉区域单击鼠标定位文本插入点，输入"A科技有限公司"，将其对齐方式设置为"文本左对齐"，如图4-38所示。

图4-37 加粗页码

图4-38 输入公司名称

（9）单击"页眉和页脚"组中的"页码"按钮，在打开的下拉列表中选择"页面底端"

选项，在弹出的子列表中选择"普通数字3"选项，然后将插入的页码加粗，如图4-39所示。

（10）单击【页眉和页脚工具 设计】→【关闭】组中单击"关闭页眉和页脚"按钮，如图4-40所示。最后保存文档。

图4-39 插入页码

图4-40 退出页眉页脚编辑状态

4.4 创建目录和索引

目录和索引均是按照一定的次序编排而成的对象，是指导阅读、检索图书的工具，通过它们不仅可以了解整个文档的结构，还能快速定位到相应的位置。本节将重点介绍目录和索引的创建方法。

4.4.1 创建目录

目录主要是指书籍正文前所载的目次，是揭示和报道图书的工具，其功能主要包括检索、报道、导读等。在Word 2010中创建目录需要先为标题设置大纲级别，这样在创建目录时才能引用这些标题，进而创建出包含不同级别的目录内容。

1. 设置大纲级别

设置大纲级别是指为所选段落设置不同的标题级别，其方法为：选择需设置大纲级别的段落，在【开始】→【段落】组中单击"展开"按钮，打开"段落"对话框，在"缩进和间距"选项卡的"大纲级别"下拉列表框中即可设置所需的级别，如图4-41所示。

图4-41 设置不同的大纲级别

2. 创建目录

设置了大纲级别后，便可创建目录，其方法为：将文本插入点定位到需插入目录的位置，在【引用】→【目录】组中单击"目录"按钮，在打开的下拉列表中选择"插入目录"选项，打开"目录"对话框，如图4-42所示，在其中设置与目录相关的参数后，单击 确定 按钮即可。

图4-42 设置需创建的目录参数

知识提示　　在【引用】→【目录】组中单击"目录"按钮，在打开的下拉列表中可选择Word预设的某种自动目录样式选项，以避免重新对目录参数进行设置。若选择"手动目录"选项，则需要手动输入目录内容。

4.4.2 创建索引

索引的组成单位是索引款目，款目一般包括索引词、说明、注释语、出处等内容，它不需像目录那样只能通过大纲标题来显示和引导文档，而是能利用各种特定的信息创建索引款目，使文档使用者可以通过这些特定信息快速查阅文档内容。创建索引的具体操作如下。

（1）选择需创建为索引款目的文本，在【引用】→【索引】组中单击"标记索引项"按钮，打开"标记索引项"对话框，单击 标记(M) 按钮将其添加为索引标记，如图4-43所示。

（2）保持对话框的打开状态，继续选择其他文本，利用 标记(M) 按钮添加索引标记。直到所有标记添加完成后，再关闭"标记索引项"对话框。

（3）将文本插入点定位到需创建索引的位置，在【引用】→【索引】组中单击 插入索引 按钮，打开"索引"对话框，在其中按设置目录参数的方法设置索引参数，如图4-44所示，完成后单击 确定 按钮即可。

图4-43 标记索引

图4-44 创建索引

4.4.3 课堂案例4——为"项目评估报告"文档创建目录

将文档中的一级标题和二级标题段落分别设置为大纲级别中的"1级"和"2级",然后创建包含这两级标题的目录。完成后的参考效果如图4-45所示。

素材所在位置	光盘:\素材文件\第4章\课堂案例4\项目评估报告.docx
效果所在位置	光盘:\效果文件\第4章\课堂案例4\项目评估报告.docx
视频演示	光盘:\视频文件\第4章\为"项目评估报告"文档创建目录.swf

图4-45 "项目评估报告"文档目录的参考效果

（1）打开素材文档"项目评估报告.docx"，利用【Ctrl】键同时选择样式为"一、，二、，三、，……"的一级标题段落，单击【开始】→【段落】组中的"展开"按钮，如图4-46所示。

（2）打开"段落"对话框，在"缩进和间距"选项卡的"大纲级别"下拉列表框中选择"1级"选项，单击 确定 按钮，如图4-47所示。

图4-46 选中多个一级标题段落

图4-47 设置大纲级别

（3）利用【Ctrl】键同时选择样式为"（一），（二），（三），……"的二级标题段落，单击【开始】→【段落】组中的"展开"按钮，如图4-48所示。

（4）打开"段落"对话框，在"缩进和间距"选项卡的"大纲级别"下拉列表框中选择"2级"选项，单击 确定 按钮，如图4-49所示。

图4-48 选中多个二级标题段落

图4-49 设置大纲级别

（5）拖曳鼠标选择文档第二页"目录"段落下的4个段落标记，然后在【引用】→【目录】组中单击"目录"按钮，在打开的下拉列表中选择"插入目录"选项，如图4-50所示。

（6）打开"目录"对话框，在"制表符前导符"下拉列表框中选择最后一种选项，在"格式"下拉列表框中选择"正式"选项，将"显示级别"数值框中的数值设置为"2"，单击 确定 按钮即可，如图4-51所示，最后保存文档。

图4-50 插入目录

图4-51 设置目录参数

4.5 打印文档

使用Word完成文档编辑后，有时需要将其通过打印机打印到纸张上，以便完成其他后续工作。本节就将重点介绍与打印文档相关的知识，包括页面设置、打印预览、打印设置，以及具体的打印方法等内容。

4.5.1 页面设置

页面设置主要是针对文档的纸张大小、页边距、纸张方向等属性的设置操作，其方法为：打开需进行页面设置的文档，在【页面布局】→【页面设置】组中利用相应的按钮进行设置即可，如图4-52所示。

图4-52　页面设置的各种参数

知识提示　页面设置会直接影响文档中的内容，因此一般是首先设置页面的各种参数后，再对文档内容进行制作和编辑。

4.5.2 预览并打印文档

打印文档之前，应对文档内容进行预览，通过预览效果来对文档中不妥的地方进行调整，直到预览效果符合需要后，再按需要设置打印分数、打印范围等参数，并最终执行打印工作。

1. 打印预览

打印预览是指在计算机中预先查看打印的效果，此功能可以避免在不预览的情况下，打印出不符合需求的文档，从而浪费纸张的情形。预览文档的方法为：选择【文件】→【打印】菜单命令，在右侧的界面中即可显示文档的打印效果，如图4-53所示。利用界面底部的参数可辅助预览文档内容，各参数的作用分别如下。

◎ "**页数**"栏：在其中的文本框中直接输入需预览内容所在的页数，按【Enter】键或单击其他空白区域即可跳转至该页面。也可通过单击该栏两侧的"上一页"按钮◀和"下一页"按钮▶逐页预览文档内容。

◎ "**显示比例**"栏：单击该栏左侧的"显示比例"按钮100%，可在打开的对话框中快速设置需要显示的预览比例；拖曳该栏中的滑块可直观调整预览比例；单击该栏右侧的"缩放到页面"按钮，可快速将预览比例调整为显示整页文档的比例。

图4-53　文档的预览效果

操作技巧　预览过程中若发现文档内容有问题，可单击其他功能选项卡对有问题的地方进行调整；若发现文档的页面参数有问题，则可直接在预览界面中单击左侧的"页面设置"超链接，在打开的"页面设置"对话框中对页面参数进行修改。

2. 打印文档

预览无误后，便可进行打印设置并打印文档了，其具体操作如下。

（1）将打印机按照说明书正确连接到计算机上，并安装打印机附赠的驱动程序，使计算机能识别打印机，然后将打印纸张按正确指示放入打印机送纸口。

（2）打开需打印的文档，选择【文件】→【打印】菜单命令，在右侧的"份数"数值框中设置打印份数，在"打印机"下拉列表框中选择连接的打印机。

（3）在"设置"栏的下拉列表框中设置文档的对应范围，在"页数"文本框中可手动输入打印的页数，如"1–5"表示打印第一页至第五页的内容；"1,3,5–7"则表示打印第一页、第三页、第五页、第六页、第七页的内容。

图4-54 文档的打印设置参数

（4）在"打印面数"下拉列表框中可设置单面打印或双面打印，若设置为双面打印，则在听到打印机提示音时，手动更换页面。

（5）在"调整"下拉列表框中可设置打印顺序，其中"1,2,3 1,2,3 1,2,3"表示按文档顺序打印，"1,1,1 2,2,2 3,3,3"表示按页面顺序打印。

（6）完成设置后，单击"打印"按钮🖨即可，如图4–54所示。

4.5.3 课堂案例5——设置并打印"印章管理办法"文档

预览"印章管理办法.docx"文档，然后通过设置页边距将文档内容调整为1页，并将文档打印3份。完成后的参考效果如图4–55所示。

素材所在位置　光盘:\素材文件\第4章\课堂案例5\印章管理办法.docx
效果所在位置　光盘:\效果文件\第4章\课堂案例5\印章管理办法.docx
视频演示　　　光盘:\视频文件\第4章\设置并打印"印章管理办法"文档.swf

印章管理办法

第一章 总则

第一条 印章是公司经营管理活动中行使职权的重要凭证和工具，印章的管理，关系到公司正常的经营管理活动的开展，甚至影响到公司的生存和发展，为防止不必要事件的发生，维护公司的利益，制定本办法。

第二条 公司总经理授权由办公室全面负责公司的印章管理工作，发放、回收印章，监督印章的保管和使用。

第二章 印章的领取和保管

第三条 公司各类印章由各级和各岗位专人依职权领取并保管。

第四条 印章必须由各保管人妥善保管，不得转借他人。

第五条 公司建立印章管理卡，专人领取和归还印章情况在卡上予以记录。

第六条 印章持有情况纳入员工离职时移交工作的一部分，如员工持有公司印章，须办理归还印章手续后方可办理离职手续。

图4-55 "印章管理办法"文档的参考效果

（1）打开素材文档"印章管理办法.docx"，选择【文件】→【打印】菜单命令，如图4–56所示。

（2）预览右侧的文档内容，通过拖曳右下方的滑块，将显示比例调整为"100%"的显示状态，如图4-57所示。

图4-56 进入预览界面

图4-57 调整显示比例

（3）单击左侧的"下一页"按钮，查看第2页的内容，然后单击"页面设置"超链接，如图4-58所示。

（4）打开"页面设置"对话框的"页边距"选项卡，将"上""下"页边距均设置为"1厘米"；"左""右"页边距均设置为"1.5厘米"，单击 确定 按钮，如图4-59所示。

（5）返回打印预览的界面，在"份数"数值框中将数值设置为"3"，单击"打印"按钮，如图4-60所示。打印完成后保存文档。

图4-58 预览下一页

图4-59 设置页边距

图4-60 设置打印份数

4.6 课 堂 练 习

本次课堂练习将分别对"产品推广计划"文档和"投标书"文档进行和编辑，然后将其打印出来。通过这两个练习，进一步巩固本章所学知识。

4.6.1 设置并打印"产品推广计划"文档

1. 练习目标

本练习的目标是打印"产品推广计划"文档，同时需要在打印之前，为文档内容进行一定的设置。本练习完成后的参考效果如图4-61所示。

图4-61　"产品推广计划"文档的参考效果

素材所在位置　光盘:\素材文件\第4章\课堂练习\产品推广计划.docx

效果所在位置　光盘:\效果文件\第4章\课堂练习\产品推广计划.docx

视频演示　　　光盘:\视频文件\第4章\设置并打印"产品推广计划"文档.swf

2. 操作思路

完成本练习需要先为文档中的标题段落创建和应用样式，然后为文档添加页眉页脚，最后预览并打印文档，其操作思路如图4-62所示。

① 创建并应用样式　　　　　② 添加页眉与页脚　　　　　③ 设置并打印文档

图4-62　"产品推广计划"文档的设置思路

（1）打开素材文档"产品推广计划.docx"，将"广告策略"段落的字体格式设置为"华文行楷、小一、居中"，将其格式创建为"二级标题"样式，然后为"广告计划"段落应用此样式。

（2）将"一、广告目标"段落的字体格式设置为"华文楷体、小三、加粗"，将其格式创建为"三级标题"样式，然后为所有具有这类编号的段落应用此样式。

（3）进入页眉页脚编辑状态，在页眉区域输入"飓风企业产品推广计划"，将其设置为居中对齐。然后在页脚区域中插入"页面底端–普通数字2"样式的页码，将其加粗显示。

（4）退出页眉页脚编辑状态，逐页预览文档内容，确认无误后将打印份数设置为"5"，并将其打印出来。

4.6.2 编辑并打印"投标书"文档

1. 练习目标

本练习的目标是对"投标书"文档进行编辑，然后打印此文档。本练习完成后的参考效果如图4-63所示。

图4-63 "投标书"文档的参考效果

素材所在位置 光盘:\素材文件\第4章\课堂练习\投标书.docx
效果所在位置 光盘:\效果文件\第4章\课堂练习\投标书.docx
视频演示 光盘:\视频文件\第4章\编辑并打印"投标书"文档.swf

2. 操作思路

完成本实训首先需要在大纲视图中调整文档内容的顺序，然后插入目录和书签，最后设置页眉格式并打印文档，其操作思路如图4-64所示。

① 调整文档内容

② 插入目录

③ 插入书签

图4-64 "投标书"文档的编辑思路

（1）打开素材文档"投标书.docx"，进入大纲视图，显示2级大纲标题，然后调整不正确的大纲内容。

（2）退出大纲视图，在第一页"目录"段落下方插入目录，要求显示目录页码，且右对齐，格式为"流行"，显示级别为"2"，前导符样式为"----"。

（3）将文本插入点定位到"第二部分"文本左侧，插入书签，名称为"第二部分"。

（4）进入页眉页脚编辑状态，将页眉文本的字体格式设置为"黑体、五号"，并添加"外侧框线"样式的边框。

（5）预览文档，确认无误后，将文档前8页内容打印3份，要求按页面顺序进行打印。

职业素养　办公人员要具备较强的耐心和责任心，这样在编辑长文档时，就不会因为工作量的增加而犯错。同时要养成先查看或编辑大纲结构，然后使用逐步细化的方式来处理长篇文档，这样制作出来的文件，才具备层次清晰，结构严谨，内容准确等特点。

4.7 拓 展 知 识

编辑长文档时，如何快速定位文档和在有问题的位置进行批示，也是经常遇到的问题。如果都是以书签定位，效率不仅很低，大量的书签也难以管理。对文档内容进行格式设置来提醒批示位置则可能导致文档内容发生变化。为解决这两个问题，下面将介绍两种非常适用的工具，即导航窗格和批注的使用方法。

4.7.1 导航窗格的应用

导航窗格可以看做一个微型的大纲视图，在【视图】→【显示】组中单击选中"导航窗格"复选框即可使其显示在文档编辑区左侧，如图4-65所示。导航窗格的用法主要有以下几种。

图4-65　文档中的导航窗格

◎ **显示导航内容**：要想在导航窗格中显示各级标题的内容，需要先将各级标题设置为相应的大纲级别，即利用"段落"对话框中的"大纲级别"下拉列表框进行设置。否则即便打开导航窗格，文档中如果不存在某个级别的大纲内容，也无法使用。

◎ **定位文档**：在导航窗格中选择某个级别对应的标题选项，即可快速将文本插入点定位到文档编辑区中段落所在的位置。

◎ **快速展开所有内容**：在导航窗格中某个标题段落选项上单击鼠标右键，在弹出的快捷菜单中选择"全部展开"命令，可快速显示所有大纲级别对应的内容。

◎ **升级或降级大纲级别**：在导航窗格中某个标题段落选项上单击鼠标右键，在弹出的快捷菜单中选择"升级"或"降级"命令，可将对应的标题段落进行升级或降级处理。

4.7.2 创建与使用批注

批注可以在不影响内容本身的情况下，将需要批示的问题显示在文档中，方便工作中他人对文档进行修订、批示等情形。批注的使用主要涉及到新建、编辑、删除等操作。

◎ **新建批注**：选择需进行批注的文本对象，在【审阅】→【批注】组中单击"新建批注"按钮，此时所选文本处将创建批注，且批注文本框自动显示在文档编辑区右侧，直接在其中输入需要批注的内容即可，如图4-66所示。

图4-66 新建批注

◎ **编辑批注**：直接按编辑普通文本框内容的方法，在批注文本框中对批注内容进行修改或删除。

◎ **删除批注**：在批注文本框上单击鼠标右键，在弹出的快捷菜单中选择"删除批注"命令即可。

◎ **隐藏与显示批注**：在【审阅】→【修订】组中单击 显示标记 按钮，在打开的下拉列表中选择"批注"选项，若该选项左侧出现✓标记，则批注将显示在文档中，若该标记消失，则批注将隐藏起来。

4.8 课后习题

（1）打开"市场调查报告.docx"文档，通过应用样式、添加页眉页脚来完善文档内容，然后将其按文档顺序打印4份出来。

素材所在位置	光盘:\素材文件\第4章\课后习题\市场调查报告.docx
效果所在位置	光盘:\效果文件\第4章\课后习题\市场调查报告.docx
视频演示	光盘:\视频文件\第4章\编辑并打印"市场调查报告"文档.swf

提示：为"前言"和"市场分析"段落应用"标题1"样式，然后将样式修改为"黑体、居中，无缩进"。为编号为"一、，二、，三、，……"样式的段落应用"标题"样式，然后将样式修改为"黑体、四号、左对齐、无缩进"。为文档添加页眉"市

场调查报告",并在页脚中间添加页码,最后预览并打印文档。处理后的效果如图4-67所示。

市场分析

一、乳品市场现状及其发展

中国乳制品市场正处在一个重要的转型期:从过去的营养滋补品转变为日常消费品,消费者从过去的老、少、病、弱等特殊群体扩大为所有消费者;市场从城市扩展到城郊和乡村,产品也从简单的全脂奶粉和隔日消费的巴氏消毒奶进步到各种功能奶粉和各种保质期的液体奶,酸奶以及含乳饮料。连续几年奔走在快车道上之后,中国整个乳业市场麻烦不断。去年我国乳业市场整体上虽然能够保持30%左右的增长速度,但本省部分地区供大于求的苗头已经显现,乳品毛利率急速下降已经危及一些企业的生存发展。无论是淡季还是旺季,价格战硝烟几乎弥漫整个乳制品市场,尤其是个别品牌的常温奶最高降幅甚至高达50%左右,售价直逼甚至跌破成本底线。

随着时局的不断变迁,乳业市场已进入市场细分阶段,面对产品同质化和消费者需求的差异化,各企业制定不同的新产品策略,研制不同功能的奶制品,晚上奶成了当前市场的一个卖点。

图4-67 "市场调查报告"文档的参考效果

(2)打开"工程招标说明.docx"文档,利用大纲视图检查文档结构是否有误,完成后在其中创建索引,最后将前5页文档按页面顺序打印5份。

素材所在位置	光盘:\素材文件\第4章\课后习题\工程招标说明.docx
效果所在位置	光盘:\效果文件\第4章\课后习题\工程招标说明.docx
视频演示	光盘:\视频文件\第4章\编辑并打印"工程招标说明"文档.swf

提示: 创建索引时,首先为编号为"1.,2.,3.,……"样式的段落标记索引项,然后创建索引,要求索引页码右对齐,前导符样式为"----",格式为"现代",栏数为"1",排序依据为"拼音"。处理后的效果如图4-68所示。

总　则

1.工程说明
对工程的说明本文件不作介绍,请参考相关附件资料。

2.资金来源
_____(业主名称)(以下简称"业主")已筹集到一笔以多种货币构成的资金,用于_____(工程名称)的投资费用。该投资费用的一部分将用于邀请投标合同项下的合格支付。

3.合格条件与资格要求

3.1 本招标面向技标人。

3.2 根据本合同所提供的全部货物和服务处须来源于合格的国家,本合同下的所有开支也仅限于这些货物和服务。

3.3 在本款中"原产地"一词是指开采、种植、生产货物的地点以及提供服务的地点。货物业经经过工厂制造、加工或对其零件进行实质性的重大组装而生产的,其产品与基本特征或使用的及应用方面与其他有实质性的区别,且得到商业上的承认。

3.4 货物及服务的产地与技标人的国籍无关。

3.5 为具有签订合同的资格,技标人应提供企业主满意的证据,证明其具有本招和第3.1款中规定的资格并有足够的资产及能力来有效地履行合同。为此所有提交的标书应包括下列资料:

(a) 公司、商行、股份公司或联营体各成员的机构组成法律地位、注册地点、主要营业地点的原始文件的副本。

(b) 投标人(或联营体各方)在过去五年和现在正在进行的与本合同工程相似的经验和合同履行情况;

(c) 按照第四章表Ⅳ的格式提供完成合同所需的主要施工机具与设备;

(d) 按第四章表Ⅴ的格式提供拟在现场或不在现场进行管理,或实施合同的主要人员资格和经历;

(e) 按照第四章表Ⅵ的格式提供拟定的分包金额超过投标价格10%的分包内容与分包人名单;

(f) 投标人(或联营体各方)的财务状况,包括最近三年的损益表,资金平衡和审计报告,以及今后两年内的财务预测和投标人(或联营体的授权代表)给予向其开行付了了解资信的授权书;

(g) 有关目前涉及投标人的诉讼案的资料。

索引

图4-68 "工程招标说明"文档的参考效果

第5章

输入与编辑Excel数据

本章将主要介绍Excel 2010的基础知识，包括认识Excel 2010的操作界面，工作簿、工作表、单元格的基本操作，输入、编辑、格式化Excel表格数据等内容。通过相关知识点的学习和若干案例的制作，熟悉Excel 2010操作界面各组成部分及作用，并掌握工作簿、工作表、单元格的操作以及表格数据的输入与编辑。

学习要点

◎ Excel 2010基本操作
◎ 输入Excel表格数据
◎ 编辑Excel表格数据
◎ 格式化Excel表格数据

学习目标

◎ 熟悉Excel 2010的操作界面
◎ 熟悉工作簿、工作表、单元格的基本操作
◎ 掌握数据的输入、填充等方法
◎ 了解特殊数据的输入方法
◎ 掌握数据的修改、删除、移动、复制、查找、替换等操作
◎ 了解各种设置数据格式的方法

5.1 Excel 2010基本操作

Excel 2010作为Office 2010的组件之一，是目前最受欢迎的表格制作、编辑、管理软件之一，本节将首先对其操作界面的组成进行介绍，然后详细讲解工作簿、工作表、单元格的基本操作方法。

5.1.1 认识Excel 2010操作界面

利用"开始"菜单启动Excel 2010后，便可打开其操作界面，如图5-1所示。该界面主要由标题栏、功能区、编辑栏、编辑区、状态栏等部分组成。其中标题栏、功能区、状态栏的作用与Word 2010的对应组成部分相似，这里重点介绍Excel 2010特有的编辑栏和编辑区。

图5-1　Excel 2010的操作界面

1. 编辑栏

编辑栏由名称框、编辑按钮、编辑框3部分组成，如图5-2所示，主要用于显示和编辑当前活动单元格中的数据或公式。

图5-2　编辑栏的组成部分

◎ **名称框**：其中将显示当前单元格的地址，也可在该下拉列表框中通过选择定义的单元格或单元格区域名称，来快速选择对应的单元格或单元格区域。

◎ **编辑按钮**：将文本插入点定位到编辑区或双击某个活动单元格时，将激活编辑按钮，其中"取消"按钮▣用于取消输入内容；"输入"按钮▣用于确认输入内容；"插入函数"按钮▣用于打开"插入函数"对话框，并通过该对话框向当前单元格中插入需要的函数。

◎ **编辑框**：选择单元格或单元格区域后，将文本插入点定位到其中，可输入、修改、删除所选对象中的数据，包括普通数据、公式、函数等。

2. 编辑区

编辑区是Excel最重要的区域之一。构成整个编辑区的主要元素包括：列标、行号、单元格、水平滚动条、垂直滚动条、工作表标签、工作表标签按钮组。其中列标和行号用于确定当前单元格的位置，如A1单元格即表示该单元格位于第A列第1行；工作表标签则是用来显示和管理工作表的对象；工作表标签按钮组用于切换工作表；水平/垂直滚动条用于查看工作区中未显示的内容。

5.1.2 工作簿基本操作

工作簿是用来储存并处理输入数据的文件。在默认情况下，一个工作簿由3个工作表组成，工作簿的新建、打开、保存、关闭等操作与Word文档的相应操作相同，这里不再重复讲解。

5.1.3 工作表基本操作

工作簿中的每一张表格就称为工作表，每个工作表都有唯一的名称并显示在工作表标签上。工作表的基本操作主要包括选择、切换、插入、重命名、移动、复制、删除和保护等。

1. 选择与切换工作表

选择与切换工作表是利用Excel制作表格的前提。在Excel中利用工作表标签或工作表标签按钮组均可实现工作表的选择和切换操作，常用的方法有如下几种。

◎ **选择单个工作表**：直接单击工作簿中需选择工作表的工作表标签即可将其选择，此方法也用于切换工作表的操作。

◎ **选择连续的工作表**：单击第1张工作表标签，然后按住【Shift】键的同时单击要选择的最后一张工作表标签，即可同时将这两张工作表及其之间的所有工作表选择。

◎ **选择不连续的工作表**：首先选择第1张工作表标签，然后按住【Ctrl】键不放，再依次单击其他工作表标签，即可同时选择这些工作表。

◎ **选择所有工作表**：在任意一个工作表标签上单击鼠标右键，在弹出的快捷菜单中选择"选定全部工作表"命令即可选择此工作簿中的所有工作表。

◎ **通过工作表标签按钮组切换工作表**：当Excel操作界面无法完全显示所有工作表标签时，可利用工作表标签按钮组 ┃◀ ◀ ▶ ▶┃ 切换工作表。其中单击"第一张"按钮◀┃可切换到第一张工作表；单击"前一张"按钮◀可切换到左侧相邻的一张工作表；单击"后一张"按钮▶可切换到右侧相邻的一张工作表；单击"最后一张"按钮▶┃可切换到最后一张工作表。

◎ **利用鼠标右键切换工作表**：在工作表标签按钮组中的任意按钮上单击鼠标右键，在弹出的快捷菜单中选择需切换的工作表名称对应的命令即可切换到相应的工作表。

操作技巧

按【Ctrl+PageUp】组合键可切换到当前工作表的前一张工作表，按【Ctrl+PageDown】组合键可切换到当前工作表的下一张工作表。

2. 插入与重命名工作表

插入与重命名工作表是想要增加工作表时需要涉及到的操作，在Excel中实现插入与重命名工作表的方法非常简单，其中常用的方法如下。

◎ **插入工作表**：在【开始】→【单元格】组中单击"插入"按钮▦下方的下拉按钮▾，

在打开的下拉列表中选择"插入工作表"选项，即可在当前工作表之前插入一张空白工作表，如图5-3所示。

知识提示

　　若想根据某种模板插入工作表，则可在该工作表的标签上单击鼠标右键，在弹出的快捷菜单中选择"插入"命令，打开"插入"对话框，单击"电子表格方案"选项卡，在其中选择某种模板选项后，单击 确定 按钮即可在所选工作表前面插入新的工作表。

◎ **重命名工作表**：在需重命名工作表的标签上单击鼠标右键，在弹出的快捷菜单中选择"重命名"命令，接着输入需要的名称，然后按【Enter】键或单击工作区中任意一个单元格即可，如图5-4所示。

图5-3　插入工作表的过程

图5-4　重命名工作表的过程

3. 移动与复制工作表

工作簿中的工作表位置并不是固定不变的，根据实际工作的需要，可将工作表进行移动或复制操作，以提高办公效率。

◎ **通过对话框移动或复制工作表**：选择需移动或复制的工作表，在【开始】→【单元格】组中单击"格式"按钮，在打开的下拉列表中选择"移动或复制工作表"选项，并在打开的"移动或复制工作表"对话框中设置移动或复制后的位置，单击 确定 按钮即可，如图5-5所示。

◎ **通过拖曳鼠标移动或复制工作表**：在需移动或复制的工作表标签上按住鼠标左键不放，拖曳鼠标让出现的下三角形移至需要的目标位置后，释放鼠标即可移动工作表，如图5-6所示。在拖动的过程中按住【Ctrl】键不放即可实现工作表的复制操作。

图5-5　移动与复制工作表

图5-6　拖曳鼠标移动工作表

4. 删除与保护工作表

删除与保护工作表的方法分别如下。

◎ **删除工作表**：切换到需删除的工作表，在【开始】→【单元格】组中单击"删除"按钮下方的下拉按钮，在打开的下拉列表中选择"删除工作表"选项。

◎ **保护工作表**：切换到需设置保护的工作表，在【开始】→【单元格】组中单击"格式"按钮，在打开的下拉列表中选择"保护工作表"选项。在打开的对话框的文本框中输入保护密码，在"允许此工作表的所有用户进行"列表框中设置允许用户的操作，单击 确定 按钮。在打开的对话框中重复输入密码，单击 确定 按钮即可，如图5-7所示。

图5-7　保护工作表的过程

5.1.4　单元格基本操作

单元格是Excel表格中最基础的组成元素，它的基本操作包括选择、合并和拆分、设置行和列、插入、删除等。

1. 单元格简介

单元格就是Excel操作界面中由横线和竖线分隔成的小格子，它是组成Excel表格最基本的部分，也是Excel中存储数据最小的单位，Excel对数据的各种操作都是在其中完成的。图5-8所示即为工作簿、工作表、单元格之间的关系。

图5-8　工作簿、工作表、单元格之间的关系

2. 选择单元格

在Excel中选择单元格主要有以下几种情况。

◎ **选择单个单元格**：单击单元格所在的位置即可选择该单元格。

◎ **选择多个连续的单元格**：选择多个连续的单元格即选择单元格区域，方法为：选择一个单元格，然后按住鼠标左键不放并拖曳鼠标即可选择多个连续的单元格。单元格区域的表示方法为：左上角的单元格坐标:右下角的单元格坐标，如A1:E2。

◎ **选择不连续的单元格**：按住【Ctrl】键不放，依次选择所需的单元格或单元格区域。

◎ **选择整行**：单击行号即可选择对应的整行单元格。

◎ **选择整列**：单击列标即可选择对应的整列单元格。

◎ **选择整个工作表的单元格**：单击工作表左上角行号与列标交叉处的"全选"按钮　。

3. 合并和拆分单元格

在编辑表格的过程中，为了使表格结构看起来更美观、层次更清晰，有时需要对某些单元格区域进行合并或拆分操作。

◎ **合并单元格**：合并单元格就是将多个单元格合并成一个单元格，方法为：选择需要合并的多个单元格，在【开始】→【对齐方式】组中单击 合并后居中 按钮。

◎ **拆分单元格**：拆分单元格时，只能对合并的单元格进行拆分，其方法与合并单元格相似，选择需拆分的单元格后，单击 合并后居中 按钮即可。

4. 设置单元格行和列

设置单元格的行和列是指根据单元格中的内容调整单元格的行高或列宽，常用的方法有如下几种。

◎ **直观调整行高和列宽**：拖曳行号与行号之间的分隔线可调整行高；拖曳列标与列标之间的分隔线可调整列宽。图5-9所示即为调整行高的示意图。

图5-9 拖曳鼠标调整行高的过程

◎ **精确调整行高和列宽**：选择需调整行高的行或需调整列宽的列（可选择多行或多列），在【开始】→【单元格】组中单击"格式"按钮，在打开的下拉列表中选择"行高"选项或"列宽"选项，在打开的对话框的文本框中输入精确的数值，单击 确定 按钮即可。图5-10所示即为精确调整列宽的示意图。

图5-10 精确调整列宽的过程

5. 插入单元格、行、列

选择某个单元格、行、列，直接单击【开始】→【单元格】组中的"插入"按钮 即可在所选对象左侧或上方插入相应的单元格、行、列。若单击"插入"按钮 下方的下拉按钮 ，在弹出的下拉列表中选择"插入单元格"选项，则可在打开的对话框中选择插入的对象或位置，如图5-11所示。

图5-11 选择需插入的对象

6. 删除单元格、行、列

删除单元格、行、列的方法为：选择某个单元格、行、列，直接单击【开始】→【单元格】组中的"删除"按钮 即可删除所选对象。若单击"删除"按钮 下方的下拉按钮 ，在打开的下拉列表中选择"删除单元格"选项，则可在打开的对话框中设置删除后其他单元格的移动方向或删除的对象。

5.1.5 课堂案例1——创建并管理"个人收支预算"表格

根据模板创建"个人月预算"表格，复制并重命名其中的工作表，然后对复制后的工作表中的单元格进行调整，最后将此表格以"个人收支预算"为名另存。完成后的参考效果如图5-12所示。

效果所在位置　光盘:\效果文件\第5章\课堂案例1\个人收支预算.xlsx

视频演示　光盘:\视频文件\第5章\创建并管理"个人收支预算"表格.swf

图5-12　"个人收支预算"表格的参考效果

（1）启动Excel 2010，选择【文件】→【新建】菜单命令，然后在右侧界面中选择"样本模板"选项，如图5-13所示。

（2）在显示的界面中选择"个人月预算"选项，单击"创建"按钮，如图5-14所示。

图5-13　根据模板新建表格　　　　图5-14　选择模板并创建表格

（3）在"开始"选项卡"单元格"组中单击"格式"下拉按钮，在打开的下拉列表中选择"移动或复制工作表"选项，如图5-15所示。

（4）打开"移动或复制工作表"对话框，在下方的列表框中选择"（移至最后）"选项，单击选择"建立副本"复选框，单击　确定　按钮，如图5-16所示。

（5）在复制的工作表对应的标签上单击鼠标右键，在弹出的快捷菜单中选择"重命名"命令，如图5-17所示。

图5-15 复制工作表

图5-16 设置复制参数

图5-17 重命名工作表

（6）输入"个人收支预算"，按【Enter】键确认，如图5-18所示。

（7）拖曳A列右侧的分隔线，当浮动框显示为"宽度：4.00"时释放鼠标，如图5-19所示。

图5-18 输入并确认名称

图5-19 调整列宽

（8）选择第一行，按住【Ctrl】键同时选择第三行，如图5-20所示。

（9）单击"开始"选项卡"单元格"组中的"删除"按钮 删除行，如图5-21所示。

（10）选择B1单元格，单击【开始】→【对齐方式】组中的 合并后居中 按钮将其拆分，如图5-22所示。

图5-20 选择多行

图5-21 删除行

图5-22 拆分单元格

（11）选择【文件】→【另存为】菜单命令，如图5-23所示。

（12）打开"另存为"对话框，将文件名设置为"个人收支预算"，单击 保存(S) 按钮完成操作，如图5-24所示。

图5-23 另存表格

图5-24 设置保存名称

5.2 输入Excel表格数据

在Excel中输入表格数据有许多方法，本节将重点介绍手动输入数据、快速填充数据，以及输入特殊数据的操作。

5.2.1 手动输入数据

在Excel中输入数据时，只需选择单元格或双击单元格，然后直接输入需要的数据后按【Enter】键确认即可。也可选择单元格，然后单击编辑框定位文本插入点，接着输入数据并按【Enter】键。下面主要介绍输入各种类型数据的方法。

◎ **输入普通数字**：直接输入具体的数字即可，需要注意的是，单元格中可显示的最大数字为99999999999，当超过该值时，Excel会自动以科学记数方式显示数据。如输入"100000000000"后，单元格中将数据显示为"1E+11"。

◎ **输入负数**：输入负数时必须在前面添加"−"号，或是将输入的数字用圆括号括起。如输入"−123"或"(123)"在单元格中都会显示为"−123"。

◎ **输入分数**：输入分数的规则为"整数+空格+数字"，如输入"2（空格）4/5"时即可得到"2 4/5"。当输入的是真分数时，整数部分则可输入"0"来代替。

◎ **输入小数**：输入小数时，小数点的输入方法为直接按小键盘中的【Del】键。若输入的小数位数过长导致无法完全显示在单元格中时，可在编辑栏中查看。

◎ **输入中文文本**：切换到中文输入法后即可在选择的单元格中输入文本。默认情况下，Excel中输入的中文文本都将呈左对齐方式显示在单元格中。当文本超过单元格宽度时，将自动延伸到右侧单元格中显示。

◎ **输入百分数**：按"数字+%"的方法可输入百分数。

◎ **输入日期与时间**：按"年/月/日"或"年−月−日"的方式可输入日期，如输入"2015−10−5"即可得到"2015/10/5"。另外，按"时:分:秒"的方式可输入时间。

5.2.2 快速填充数据

在表格中输入数据时，有时会遇到输入一些相同或有规律数据的情况，当遇到这类数据时，可利用Excel提供的快速填充数据功能快速输入多个数据，以提高工作效率。

◎ **通过对话框填充**：选择起始单元格并输入起始数据，在【开始】→【编辑】组中单击 填充 按钮，在打开的下拉列表中选择"系列"选项，打开"序列"对话框。在其中设置填充方向、填充类型、终止值后单击 确定 按钮，如图5-25所示。

图5-25 通过对话框填充等差序列

◎ **通过鼠标填充**：在起始单元格中输入起始数据后，重新选择该单元格，将鼠标光标移至该单元格右下角的填充柄上，使其变为➕形状。按住鼠标左键不放并拖曳鼠标，到目标单元格后释放鼠标即可。如图5-26所示为填充递增序列的效果。

图5-26　通过鼠标填充数据

操作技巧　　利用拖曳鼠标的方法快速填充数据时，按住【Ctrl】键的同时进行拖曳可改变填充规则。如将填充相同数据改变为填充递增序列；将递增或递减序列填充为重复的序列等。

5.2.3 输入特殊数据

对于一些无法通过键盘快速输入的特殊数据，可利用Excel提供的"符号"功能插入特殊符号，其方法为：选择需输入特殊数据的单元格，在【插入】→【符号】组中单击"符号"按钮Ω，打开"符号"对话框，如图5-27所示，在"符号"选项卡或"特殊字符"选项卡中选择需插入的符号选项，单击 插入(I) 按钮可将其插入到当前单元格中，同时对话框处于打开状态，可继续在其他单元格中按相同方法进行插入操作，完成后单击 关闭 按钮关闭对话框即可。

图5-27　插入特殊符号

5.2.4 课堂案例2——输入设备汇总表数据

在设备汇总表中通过手动输入、填充数据等方法，完善表格内容。完成后的参考效果如图5-28所示。

设备汇总表			
设备编号	入库序号	汇总人	汇总日期
DBJ-201501	1	罗杰	2015/1/21
DBJ-201502	2	罗杰	2015/1/21
DBJ-201503	3	罗杰	2015/1/21
DBJ-201504	4	罗杰	2015/1/21
DBJ-201505	5	罗杰	2015/1/21
DBJ-201506	6	罗杰	2015/1/21
DBJ-201507	7	罗杰	2015/1/21
DBJ-201508	8	罗杰	2015/1/21

图5-28　设备汇总表的参考效果

素材所在位置　光盘:\素材文件\第5章\课堂案例2\设备汇总表.xlsx
效果所在位置　光盘:\效果文件\第5章\课堂案例2\设备汇总表.xlsx
视频演示　　　光盘:\视频文件\第5章\输入设备汇总表数据.swf

（1）打开素材文件"设备汇总表.xlsx"，在A3单元格中输入"DBJ-201501"，按【Enter】键确认输入后重新选择该单元格，然后将鼠标光标放在其右下角的填充柄上，如图5-29所示。

（2）向下拖曳填充柄至A10单元格，如图5-30所示。

图5-29　输入数据

图5-30　拖动填充柄

（3）释放鼠标完成填充。在B3单元格中输入"1"，然后选择B3:B10单元格区域，如图5-31所示。

（4）在【开始】→【编辑】组中单击 填充 下拉按钮，在打开的下拉列表中选择"系列"选项，打开"序列"对话框，在"步长值"文本框中输入"1"，单击 确定 按钮，如图5-32所示。

图5-31　输入数据并选择单元格区域

图5-32　设置序列填充参数

（5）选择C3:C10单元格区域，在C3单元格中输入"罗杰"，如图5-33所示。

（6）按【Ctrl+Enter】组合键快速输入相同的数据，如图5-34所示。

图5-33　输入中文并选择单元格区域

图5-34　快速输入相同数据

（7）选择D3:D10单元格区域，在D3单元格中输入"2015-1-21"，如图5-35所示。

（8）按【Ctrl+Enter】组合键快速输入相同的数据，如图5-36所示。最后保存表格完成操作。

图5-35　输入日期并选择单元格区域

图5-36　快速输入相同数据

5.3　编辑Excel表格数据

在单元格中编辑数据或文本的方法与在Word中编辑文本的方法完全相同，包括添加、修改、移动、复制、查找、替换等。本节只重点介绍编辑表格的几种方法，而具体的编辑操作可参考Word中的相应内容，这里不重复介绍。

5.3.1　编辑数据的常用方法

输入单元格中的数据可根据实际情况随时更改，而且可供选择的方法也较多。最常用的编辑单元格数据的方法有如下几种。

◎ **在编辑栏中编辑**：选择需编辑的单元格，在编辑栏的编辑框中进行编辑。

◎ **覆盖编辑**：选择单元格，输入数据后按【Enter】键可覆盖该单元格中原有的内容。

◎ **在单元格中编辑**：双击单元格定位文本插入点，然后在其中进行编辑。

◎ **利用快捷键编辑**：按【F2】键，直接在单元格中进行编辑。

5.3.2　课堂案例3——修改员工档案表数据

将员工档案表中的标题、项目进行修改，然后利用查找替换操作修改"性别"项目下的内容。修改前后的员工档案表对比效果如图5-37所示。

图5-37　员工档案表修改前后的对比效果

素材所在位置	光盘:\素材文件\第5章\课堂案例3\员工档案表.xlsx
效果所在位置	光盘:\效果文件\第5章\课堂案例3\员工档案表.xlsx
视频演示	光盘:\视频文件\第5章\修改员工档案表数据.swf

（1）打开素材文件"员工档案表.xlsx"，选择A1单元格，在编辑框的"档"文本右侧单击鼠标定位文本插入点，如图5-38所示。

（2）输入"案"，按【Enter】键确认输入，如图5-39所示。

图5-38　将文本插入点定位到编辑框

图5-39　添加文本

（3）选择B2单元格，如图5-40所示。

（4）输入"名称"，按【Enter】键覆盖单元格中的原有内容，如图5-41所示。

图5-40　选择单元格

图5-41　修改文本

（5）在【开始】→【编辑】组中单击"查找和替换"按钮 ，在打开的下拉列表中选择"替换"选项，如图5-42所示。

（6）打开"查找和替换"对话框的"替换"选项卡，分别在"查找内容"下拉列表框和"替换为"下拉列表框中输入"蓝"和"男"，单击 全部替换(A) 按钮，在打开提示对话框中单击 确定 按钮，如图5-43所示。最后单击 关闭 按钮并保存文档。

图5-42　查找和替换数据

图5-43　全部替换

5.4 格式化Excel表格数据

Excel数据由于具有一定的特殊性，因此其格式化操作也有一些特有的方式，本节就将重点介绍格式化Excel表格数据的各种方法，使制作的表格更加美观和专业。

5.4.1 设置基本格式

表格数据的基本格式与Word文档的格式类似，主要包括字体格式、对齐方式等，其设置方法分别如下。

◎ **设置字体格式**：选择需设置字体格式的单元格、单元格区域，或单元格中的部分数据对象，在【开始】→【字体】组中进行设置即可，如图5-44所示。

图5-44　设置字体格式的参数

◎ **设置对齐方式**：选择需设置对齐方式的单元格、单元格区域，在【开始】→【对齐方式】组中进行设置即可，如图5-45所示。

图5-45　设置对齐方式的参数

5.4.2 设置数据格式

数据格式是指数据类型，如货币型、日期型、会计专用型等，在Excel中设置数据格式的方法为：选择需设置数据格式的单元格、单元格区域，在【开始】→【数字】组中进行设置即可，如图5-46所示。

图5-46　设置数据格式的参数

 知识提示　　单击"字体"组、"对齐方式"组或"数字"组右下角的"展开"按钮，可在打开的对话框中单击相应的选项卡，并进行更丰富的设置。此方法适合在功能组的参数无法满足设置需求时使用。

5.4.3 设置单元格边框和填充颜色

除了利用【开始】→【字体】组的"边框"按钮 和"填充颜色"按钮 设置单元格的边框和底纹外，还可利用"设置单元格格式"对话框进行设置。

1. 设置边框

利用"设置单元格格式"对话框设置单元格边框的方法为：选择单元格或单元格区域，单击"字体"组右下角的"展开"按钮 ，打开"设置单元格格式"对话框，单击"边框"选项卡，在其中设置边框样式、颜色、位置后，单击 确定 按钮，如图5-47所示。

图5-47　设置单元格边框

2. 设置填充颜色

设置填充颜色的方法更简单，只需在打开的"设置单元格格式"对话框中单击"填充"选项卡，在其中设置颜色后单击 确定 按钮即可。

5.4.4 自动套用格式

Excel预设有大量的表格样式，这些样式不仅美观而且专业，是提高格式化表格数据的有效工具。自动套用表格格式的具体操作如下。

（1）选择单元格区域，在【开始】→【样式】组中单击"套用表格格式"按钮 ，在打开的下拉列表中选择某种样式选项。

（2）打开"套用表格式"对话框，确认所选单元格区域后，单击 确定 按钮即可应用所选表格样式，如图5-48所示。

图5-48　设置单元格边框

5.4.5 课堂案例4——设置生产记录统计表

通过为表格数据进行字体、对齐方式、数据格式、边框、填充颜色等设置，美化生产记录统计表。设置前后的对比效果如图5-49所示。

素材所在位置　光盘:\素材文件\第5章\课堂案例4\生产记录统计表.xlsx
效果所在位置　光盘:\效果文件\第5章\课堂案例4\生产记录统计表.xlsx
视频演示　　　光盘:\视频文件\第5章\设置生产记录统计表.swf

图5-49　生产记录统计表设置前后的对比效果

（1）打开素材文件"生产记录统计表.xlsx"，选择A2:E2单元格区域，单击【开始】→【字体】组右下角的"展开"按钮，如图5-50所示。

（2）打开"设置单元格格式"对话框的"字体"选项卡，在"字形"列表框中选择"加粗"选项，在"字号"列表框中选择"10"选项，单击　确定　按钮，如图5-51所示。

图5-50　选择单元格区域　　　　　　　图5-51　设置字形、字号

（3）选择A3:E11单元格区域，在【开始】→【字体】组中单击两次"减小字号"按钮，然后单击"对齐方式"组中的"文本左对齐"按钮，如图5-52所示。

（4）选择E3:E11单元格区域，单击"数字"组右下角的"展开"按钮，如图5-53所示。

图5-52　设置字号、对齐方式　　　　　　图5-53　选择单元格区域

（5）打开"设置单元格格式"对话框的"数字"选项卡，在"类型"列表框中选择"2001年3月14日"选项，单击 确定 按钮，如图5-54所示。

（6）选择A1:E11单元格区域，单击【开始】→【字体】组右下角的"展开"按钮，如图5-55所示。

图5-54 设置数据类型

图5-55 选择单元格区域

（7）打开"设置单元格格式"对话框，单击"边框"选项卡，在"颜色"下拉列表框中选择"深蓝，文字2"选项，依次单击"外边框"按钮 和"内部"按钮 ，然后单击 确定 按钮，如图5-56所示。

（8）选择A2:E2单元格区域，单击"开始"选项卡"字体"组中"填充颜色"按钮 右侧的下拉按钮 ，在打开的下拉列表中选择如图5-57所示的颜色选项。

图5-56 设置边框

图5-57 设置填充颜色

（9）利用【Ctrl】键同时选择A4:E4、A6:E6、A8:E8、A10:E01单元格区域，再次单击"填充颜色"按钮 右侧的下拉按钮 ，在打开的下拉列表中选择如图5-58所示的颜色选项。

（10）完成操作，如图5-59所示，按【Ctrl+S】组合键保存表格即可。

图5-58 设置填充颜色

图5-59 完成设置

> **职业素养**　　Excel表格数据的关键在于准确，包括内容准确、数据格式准确等，而不在于如何将表格设置得漂亮，所有对表格进行的格式化操作，大都是针对如何提高数据可读性和专业性而言。实际操作时切忌将表格设置得"五花八门"，浪费时间，又降低了表格数据的可读性和专业性。

5.5 课 堂 练 习

本次课堂练习将分别创建销售业绩表和美化工作考核表。通过这两个练习，对本章介绍的一些重点知识进行巩固并学会举一反三地应用。

5.5.1 创建销售业绩表

1. 练习目标

本练习的目标是将员工本月的销售业绩的相关数据统计到表格中。完成后的参考效果如图5-60所示。

	A	B	C	D	E
1	员工本月销售业绩表				
2	工号	姓名	任务	销售业绩	完成任务
3	DL001	张伟杰	¥10,000.00	¥7,500.00	75%
4	DL002	罗玉林	¥8,000.00	¥7,000.00	88%
5	DL003	宋科	¥10,000.00	¥9,800.00	98%
6	DL004	张婷	¥8,000.00	¥10,000.00	125%
7	DL005	王晓涵	¥8,000.00	¥5,000.00	63%
8	DL006	赵子俊	¥10,000.00	¥8,500.00	85%
9	DL007	宋丹	¥8,000.00	¥5,000.00	63%
10	DL008	张嘉轩	¥8,000.00	¥6,800.00	85%
11	DL009	李琼	¥10,000.00	¥8,900.00	89%
12	DL010	陈锐	¥8,000.00	¥5,000.00	70%
13	DL011	杜海强	¥10,000.00	¥7,800.00	78%
14	DL012	周晓梅	¥10,000.00	¥8,600.00	86%

图5-60　销售业绩表的参考效果

效果所在位置	光盘:\效果文件\第5章\课堂练习\销售业绩表.xlsx
视频演示	光盘:\视频文件\第5章\创建销售业绩表.swf

2. 操作思路

创建此表格需要对工作表进行删除和重命名，然后输入表格数据，最后适当对数据格式、单元格、行高、列宽进行设置，具体操作思路如图5-61所示。

① 管理工作表　　　　② 输入数据并设置数据格式　　　　③ 设置单元格、行、列

图5-61　工作考核表的美化思路

（1）启动Excel，删除多余的两个工作表，并将剩余工作表重命名为"A组"，然后将工作簿

以"销售业绩表"为名进行保存。

（2）输入表格标题、项目，通过拖曳填充柄填充工号，然后手动输入其他数据。

（3）将任务和销售业绩设置为货币型数据，将完成任务设置为百分比型数据。

（4）合并并居中A1:E1单元格区域，将A2:E14单元格区域设置为"文本左对齐"，利用功能组中的按钮为A1:E1单元格区域添加所有边框，最后适当调整A列至3列的列宽以及第一行和第二行的行高。

5.5.2 美化工作考核表

1. 练习目标

本练习的目标是将工作考核表进行适当格式化设置，包括标题、项目、各条记录的美化，使表格数据不仅美观，而且更加清晰明了。本练习完成后的参考效果如图5-62所示。

图5-62　工作考核表的美化效果

素材所在位置	光盘:\素材文件\第5章\课堂练习\工作考核表.xlsx
效果所在位置	光盘:\效果文件\第5章\课堂练习\工作考核表.xlsx
视频演示	光盘:\视频文件\第5章\美化工作考核表.swf

2. 操作思路

完成本练习需要先为表格标题应用样式，然后适当更改格式，并继续为项目和各条记录应用样式，接着为表格数据添加边框，最后适当调整行高和列宽，具体操作思路如图5-63所示。

① 美化标题　　　　　　② 美化项目和各条记录　　　　　③ 调整列宽和行高

图5-63　工作考核表的美化思路

（1）打开素材文件"工作考核表.xlsx"，为A1单元格应用"标题1"样式，然后将格式设置为"微软雅黑、18、居中对齐"。

（2）为A2:E14单元格区域应用"20%-强调文字颜色1"样式，然后将格式设置为"微软雅黑、10、文本左对齐"。加粗A2:E2单元格区域。

（3）为A2:E14单元格区域添加边框，其中边框颜色为"蓝色"，样式为"双线"，应用位置为水平中央边框和下边框。

（4）同时选择A列至E列，拖曳鼠标增加列宽，然后适当增加第二行的行高，保存设置。

5.6 拓 展 知 识

为增强工作表中数据的安全性，可通过锁定单元格使他人无法对其中的数据进行非法修改，其具体操作如下。

（1）选择所有单元格，打开"设置单元格格式"对话框，单击"保护"选项卡，撤销选择"锁定"复选框并确认设置。

（2）重新选择需锁定的单元格区域，单击【开始】→【单元格】组中的"格式"按钮▦，在打开的下拉列表中选择"锁定单元格"选项。

（3）启用保护工作表功能，在"保护工作表"对话框的"允许此工作表的所有用户进行"列表框中撤销选择"选定锁定单元格"复选框即可。

5.7 课 后 习 题

（1）启动Excel 2010，在其中输入相应数据创建材料耗用表。

提示： 材料编号利用填充数据的方法输入。创建后的表格效果如图5-64所示。

| 效果所在位置 | 光盘:\效果文件\第5章\课后习题\材料耗用表.xlsx |
| 视频演示 | 光盘:\视频文件\第5章\创建材料耗用表.swf |

（2）启动Excel 2010，输入数据创建员工考勤表，并利用提供的样式快速美化数据。

提示： 表格标题合并后应用"标题"单元格样式；表格项目和记录套用"表样式中等深浅2"样式，处理后的效果如图5-65所示。

| 效果所在位置 | 光盘:\效果文件\第5章\课后习题\员工考勤表.xlsx |
| 视频演示 | 光盘:\视频文件\第5章\创建并快速美化员工考勤表.swf |

	A	B	C	D
1	材料耗用表			
2	材料编号	使用量	耗用量	损耗量
3	cksm-001	1146.6	997.542	126.126
4	cksm-002	655.2	470.024	72.072
5	cksm-003	854.1	643.067	93.951
6	cksm-004	924.3	704.141	101.673
7	cksm-005	994.5	555.215	109.395
8	cksm-006	1006.2	685.394	110.682
9	cksm-007	1123.2	1077.184	123.552
10	cksm-008	783.9	581.993	86.229
11	cksm-009	1006.2	785.394	110.682
12	cksm-010	1006.2	675.394	110.682
13	cksm-011	643.5	359.845	70.785
14	cksm-012	760.5	461.635	83.655

图5-64 材料耗用表的参考效果

员工月度考勤表

编号	姓名	迟到	早退	事假	病假
KM-001	张伟杰	2	0	0	0
KM-002	罗玉林	0	1	1	1
KM-003	宋科	1	0	0	0
KM-004	张娜	0	0	0	0
KM-005	王晓涵	0	0	1	0
KM-006	赵子俊	0	1	0	0
KM-007	宋丹	1	0	0	1
KM-008	张嘉轩	0	0	1	0
KM-009	李琼	0	0	0	0
KM-010	陈锐	1	0	0	0
KM-011	杜海强	0	1	1	1
KM-012	周晓梅	0	0	0	0

图5-65 员工考勤表的参考效果

第6章

计算Excel表格数据

Excel的公式和函数功能非常强大，它不仅简化了数据的计算工作，而且可以保证计算结果的准确。掌握并合理利用公式与函数计算数据，可以极大地提高工作效率。本章将主要介绍输入公式、编辑公式、输入函数、插入函数、嵌套函数等内容，以及几种常用函数的用法。

 学习要点

◎ 公式的输入与编辑
◎ 函数的输入与插入
◎ 函数的嵌套
◎ 常见函数的使用

学习目标

◎ 了解Excel中的公式和函数
◎ 掌握单元格引用的含义
◎ 掌握公式的输入与编辑方法
◎ 掌握函数的输入与插入方法
◎ 了解嵌套函数的使用
◎ 熟悉常用函数的应用方法

6.1 使用公式计算数据

Excel除了可以输入并编辑数据外，其更强大且更受青睐的功能便在于对表格数据的计算，而实现这一功能的有效工具便是公式。本节首先将简要介绍公式的一些基本概念，然后将重点讲解公式的使用方法。

6.1.1 认识Excel公式

在Excel中，公式遵循一个特定的语法或次序：最前面是等号"="，后面是参与计算的元素和运算符。每个元素可以是常量数值、单元格，或引用单元格区域、标志、名称等，如图6-1所示。

◎ **运算符**：Excel中的运算符与数学上的运算符类似，不同的运算符代表着不同的运算，如+（加）、-（减）、★（乘）、/（除）等。

◎ **常量数值或字符串**：数值或任意字符串实际上都是常量的一种类型，这类数据是不会发生变化的，如1.2、销售额、KM等。

图6-1 Excel公式的构成

◎ **引用单元格**：即指定要进行运算的区域，它们可以是单元格区域、命名的单元格、同一工作簿内其他工作表中的单元格或其他工作簿中某张工作表上的单元格等。这类对象与常量刚好相反，将根据公式不同的位置发生变化。

◎ **括号**：主要用于控制公式中各表达式被处理的先后次序，出现括号后，Excel将先进行括号中的运算，这与数学上的小括号法则是相同的。

知识提示　　输入公式时，应在英文状态下输入，这样才能保证运算符、括号、引号、逗号等各种对象均是英文状态下的，Excel公式才能正确识别。

6.1.2 单元格引用

在Excel中，一个引用地址代表工作表上的一个或一组单元格。单元格引用的作用在于标识工作表上的单元格或单元格区域，并指明公式中所使用的数据的地址。在编辑公式时需要对单元格地址进行引用。Excel中的引用分为相对引用、绝对引用、混合引用，它们具有不同的含义。

◎ **相对引用**：Excel 2010中默认情况下使用的都是相对引用，在相对引用中，被引用单元格的位置与公式所在单元格的位置相关联，当公式所在单元格的位置改变时，其引用的单元格的位置也会发生相应变化。如C1单元格中的公式为"=A1+B1"，若将C1单元格的公式复制到C2单元格中，则公式内容便更改为"=A2+B2"，如图6-2所示。

图6-2 相对引用的公式

◎ **绝对引用**：绝对引用与相对引用相反，无论公式所在单元格的位置如何改变，其公式内容是不会发生改变的。绝对引用的方法为：选择需进行绝对引用单元格编辑框中的公式内容，按【F4】键将公式转换为绝对引用即可，也可直接在单元格地址左侧手动输入"$"进行转换。如C1单元格中的公式为"=A1+B1"，选择公式内容后按【F4】键，即可将公式转变为"=$A$1+$B$1"，此时若将C1单元格的公式复制到C2单元格中，公式内容同样为"=$A$1+$B$1"，如图6-3所示。

图6-3 绝对引用的公式

◎ **混合引用**：混合引用是指一个单元格地址的引用中，同时存在相对引用与绝对引用。如果公式所在单元格的位置改变，则公式中相对引用地址也会随之改变，而绝对引用地址保持不变。如C1单元格中的公式为"=A1+$B1"，若将C1单元格的公式复制到D1单元格中，则公式内容更改为"=B1+$B1"，这是因为本次公式的复制操作在同一行行号不变，列标则根据引用类型发生或不发生变化，如图6-4所示。

图6-4 混合引用的公式

◎ **引用同一工作簿中不同工作表的单元格**：如果要引用同一工作簿中其他工作表的单元格或单元格区域，可在公式输入状态下，单击需引用对象所在的工作表标签，拖曳鼠标选择目标对象，按【Enter】键即可。其格式为：工作表名称！单元格地址，例如，"=A!B2+B!B2"表示将计算A工作表中B2单元格与B工作表中B2单元格之和。

知识提示　　Excel还允许引用不同工作簿中的单元格，其方法与引用同一工作簿中不同工作表的单元格相似，只是需要同时打开相应的工作簿即可。

6.1.3 输入公式

在Excel中输入公式的方法与输入普通数据的方法类似，其方法为：选择要输入公式的单元格，在编辑框中输入"="，进入公式输入状态，然后在英文状态下逐次输入公式所需的内容，完成后按【Enter】键或单击编辑框左侧的"输入"按钮☑即可。需要注意的是，如果需要输入的是某个单元格或单元格区域的地址，则可直接使用鼠标单击该单元格或拖曳选择该单元格区域。

操作技巧　　完成公式的输入后，按【Ctrl+Enter】组合键可确认输入且同时保持公式所在单元格的选择状态，此操作对输入普通数据时同样适用。

6.1.4 编辑公式

编辑公式主要包括修改公式、移动公式、复制公式、删除公式等操作，其方法分别如下。

◎ **修改公式**：将文本插入点定位到编辑框的公式中，按修改数据的方法修改公式内容，完成后按【Enter】键或【Ctrl+Enter】组合键确认修改。

◎ **移动公式**：选择公式所在的单元格，拖曳该单元格的边框至目标单元格。移动公式后，公式内容不会发生改变，这与复制公式不一样。

◎ **复制公式**：选择公式所在的单元格，按【Ctrl+C】组合键，选择目标单元格，按【Ctrl+V】组合键。

◎ **删除公式**：选择公式所在的单元格，按【Delete】键。

6.1.5 课堂案例1——计算员工工资表数据

利用公式计算每位员工的工资数据，然后计算所有员工的工资总和与平均工资数据。完成后的参考效果如图6-5所示。

素材所在位置	光盘:\素材文件\第6章\课堂案例1\员工工资表.xlsx
效果所在位置	光盘:\效果文件\第6章\课堂案例1\员工工资表.xlsx
视频演示	光盘:\视频文件\第6章\计算员工工资表数据.swf

	A	B	C	D	E	F	G	H
1				2015年1月份工资表				
2	姓名	基本工资	提成	生活补贴	迟到	事假	旷工	总计
3	姚姚	3000	661	300	10		50	3901
4	刘宋	3000	783	300				4083
5	胡魏	3000	1252	300		50	50	4452
6	吴明	3000	600	300				3900
7	贾铭	3000	833	300	20			4113
8	蔡一涛	3000	1200	300			100	4400
9	李波	3000	468	300				3768
10	尉黎	3000	700	300	50			3950
11	袁二纪	3000	1000	300				4300
12	张素	3000	980	300				4280
13	黄惠	3000	987	300	100			4187
14							总工资	45334
15							平均工资	4121.273

图6-5 员工工资表的参考效果

（1）打开素材文件"员工工资表.xlsx"，选择H3单元格，在编辑框中输入公式内容"=B3+C3+D3-E3-F3-G3"，如图6-6所示。

（2）按【Ctrl+Enter】组合键确认输入，并返回计算结果，如图6-7所示。

图6-6 输入公式

图6-7 查看计算结果

（3）向下拖曳H3单元格的填充柄至H13单元格，如图6-8所示。

（4）释放鼠标完成公式的填充，根据相对引用的原理，即可快速计算出其他员工的工资数据，如图6-9所示。

图6-8　拖动填充柄

图6-9　填充公式

（5）选择H14单元格，在编辑框中输入公式内容"=H3+H4+H5+H6+H7+H8+H9+H10+H11+
H12+H13"，如图6-10所示。

（6）按【Ctrl+Enter】组合键确认输入，并返回计算结果，如图6-11所示。

图6-10　输入公式内容

图6-11　确认输入

（7）选择H14单元格，在编辑框中输入公式内容"=H14/11"，如图6-12所示。

（8）按【Ctrl+Enter】组合键确认输入，保存文档即可，如图6-13所示。

图6-12　输入公式内容

图6-13　查看计算结果

职业素养

与人工计算相比，利用公式计算效率更高，且出错较低。但正因为如此，操作时一定要养成仔细编辑公式内容的良好习惯，只有正确的公式，才能返回正确的结果，最终才能得到正确的数据。

6.2　使用函数计算数据

Excel中将一组特定功能的公式组合在一起，便形成了函数。利用公式可以计算数据，而利用函数则可以简化公式，并完成各种复杂数据的处理。本节将介绍函数的使用方法。

6.2.1 认识Excel函数

函数是Excel中一些预定好的公式，可以通过设置参数来执行计算操作，其参数可以是数字、文本、单元格引用或其他的公式、函数等。在描述函数时会涉及到语法结构，其语法结构为："=函数名(参数1,参数2,…)"。图6-14所示即为函数的语法结构，下面简要说明几种不同函数参数的作用。

◎ **常量**：即不进行计算，不发生改变的值，如数字、文本。

◎ **逻辑值**：用于判断数据真假的值，即TURE（真值）或FALSE（假值）。

图6-14 函数的语法结构

◎ **数组**：用于建立可生成多个结果或可对在行和列中排列的一组参数进行计算的单个公式。

◎ **单元格引用**：用来表示单元格在工作表中所处位置的坐标集。

◎ **嵌套函数**：将函数作为另一个函数的参数使用。

知识提示　公式可以作为函数的参数，相反，函数也能是公式的组成部分，二者相结合使用便能解决各种计算问题。

6.2.2 输入与插入函数

如果能记住某个函数的语法结构，便可像公式一样直接在编辑框中输入函数内容，确认后便能返回计算结果。如果不能记住所用函数的语法结构，便可通过插入函数的方法使用该函数，其具体操作如下。

（1）选择需插入函数的单元格，在编辑框左侧单击"插入函数"按钮*fx*，或在【公式】→【函数库】组中单击"插入函数"按钮*fx*。

（2）打开"插入函数"对话框，在"或选择类别"下拉列表框中选择函数类别，如"数学与三角函数"选项，在"选择函数"列表框中选择某种函数，如"SUM"求和函数选项，单击 确定 按钮，如图6-15所示。

（3）打开"函数参数"对话框，将文本插入点定位到其中某个参数文本框，拖曳鼠标选择工作表中参与计算的单元格或单元格区域（也可直接输入参数内容），单击 确定 按钮即可插入函数，如图6-16所示。

图6-15 选择函数

图6-16 设置函数参数

6.2.3 使用嵌套函数

嵌套函数指将某个函数作为另一个函数的参数使用的情形。如"=SUM(5,B1:B6)"是普通的求和函数,如果将参数"5"更改为又一个求和函数,如"=SUM(SUM(A1:A6),B1:B6)",则该函数就称为嵌套函数了。

嵌套函数可通过直接输入的方法创建,但这要求对函数语法格式非常熟悉,如果不是太熟悉,同样可通过插入的方法完成,其方法为:将文本插入点定位到编辑框的函数中某个需创建参数的位置,单击名称框右侧的下拉按钮▼,在打开的下拉列表中选择需插入的嵌套函数选项,然后在打开的"函数参数"对话框中设置嵌套函数的参数,并确认设置,如图6-17所示。

图6-17 嵌套函数的过程

6.2.4 课堂案例2——计算销量汇总表数据

通过输入的方式,利用求和函数SUM计算各产品的销量总和数据,然后以插入的方式利用求平均值函数AVERAGE计算所有产品的平均销量。完成后的参考效果如图6-18所示。

素材所在位置	光盘:\素材文件\第6章\课堂案例2\销量汇总表.xlsx
效果所在位置	光盘:\效果文件\第6章\课堂案例2\销量汇总表.xlsx
视频演示	光盘:\视频文件\第6章\计算销量汇总表数据.swf

	A	B	C	D	E	F
1	产品销量汇总统计(单位:万件)					
2	产品代码	第1季度	第2季度	第3季度	第4季度	销量汇总
3	KFM-001	727.60	952.30	781.10	567.10	3028.10
4	KFM-002	791.80	856.00	631.30	535.00	2814.10
5	KFM-003	1027.20	781.10	995.10	545.70	3349.10
6	KFM-004	652.70	877.40	535.00	738.30	2803.40
7	KFM-005	706.20	684.80	631.30	856.00	2878.30
8	KFM-006	642.00	920.20	1070.00	535.00	3167.20
9	KFM-007	877.40	1059.30	716.90	770.40	3424.00
10	KFM-008	716.90	823.90	716.90	1016.50	3274.20
11	KFM-009	973.70	1005.80	984.40	738.30	3702.20
12	KFM-010	695.50	556.40	770.40	1059.30	3081.60
13	KFM-011	674.10	674.10	556.40	834.60	2739.20
14					产品平均销量:	3114.67

图6-18 销量汇总表的参考效果

(1)打开素材文件"销量汇总表.xlsx",选择F3:F13单元格区域,在编辑框中单击鼠标定位文本插入点,如图6-19所示。

(2)切换到大写英文状态,输入"=SUM()",如图6-20所示。

图6-19　选择单元格区域

图6-20　输入函数名

（3）在输入的括号中单击鼠标定位文本插入点，然后拖曳鼠标选择B3:E3单元格区域，如图6-21所示。

（4）按【Ctrl+Enter】组合键完成函数的输入，根据相对引用原理，同时返回其他产品的销量汇总结果，如图6-22所示。

图6-21　选择函数参数

图6-22　确认输入

（5）选择F14单元格，单击编辑框左侧的"插入函数"按钮 f_x ，如图6-23所示。

（6）打开"插入函数"对话框，在"或选择类别"下拉列表框中选择"统计"选项，在"选择函数"列表框中选择"AVERAGE"选项，单击 确定 按钮，如图6-24所示。

图6-23　插入函数

图6-24　选择函数

（7）打开"函数参数"对话框，拖曳鼠标选择"Number1"文本框中原有的数据，然后在工作表中拖曳鼠标选择F3:F13单元格区域，单击 确定 按钮，如图6-25所示。

（8）此时将返回产品平均销量数据，保存表格即可，如图6-26所示。

图6-25 设置函数参数

图6-26 查看计算结果

6.3 常见函数应用

Excel提供有多种函数，每个函数的功能、语法结构、参数的含义各不相同，下面重点介绍几种常用函数的使用方法。

6.3.1 SUM函数

SUM函数为求和函数，属于数学与三角函数，能返回所有参数之和，其语法格式为SUM(Number1,Number2,Number3,…)。使用此函数时需注意如下几点。

◎ 参数的数量范围为1~30个。

◎ 若参数均为数值，则直接返回计算结果，如SUM(10,20)将返回"30"。

◎ 若参数中包含文本数字和逻辑值，则会将文本数字判断为对应的数值，将逻辑值TURE判断为"1"。如SUM("10",20,TRUE)将返回"31"。

◎ 若参数为引用的单元格或单元格区域的地址，则只计算单元格或单元格区域中为数字的参数，其他如空白单元格、文本、逻辑值和错误值都将被忽略。

6.3.2 AVERAGE函数

AVERAGE函数为求平均值函数，属于统计函数，能返回所有参数的算术平均值，其语法格式为AVERAGE(Number1,Number2,Number3,…)。此函数的使用方法与SUM函数完全相同。

6.3.3 MAX/MIN函数

MAX函数为最大值函数、MIN函数为最小值函数，均属于统计函数，能分别返回所有参数的最大值或最小值，其语法格式为MAX(Number1,Number2,Number3,…)或MIN(Number1,Number2,Number3,…)。使用此函数时需注意的地方与SUM函数完全相同。

6.3.4 COUNT函数

COUNT函数为计数函数，属于统计函数，能返回包含数字的单元格以及参数列表中数字的个数，其语法格式为COUNT(value1, value2, ...)。使用此函数时需注意以下几点。

◎ 如果参数为数字、日期或代表数字的文本（如用引号引起的数字，如 "1"），则将被计算在内。

◎ 逻辑值和直接输入到参数列表中代表数字的文本将被计算在内。

◎ 如果参数为错误值或不能转换为数字的文本，不会被计算在内。

◎ 如果参数为数组或引用，则只计算数组或引用中数字的个数。不会计算数组或引用中的空单元格、逻辑值、文本、错误值。

6.3.5 IF函数

IF函数为判断函数，属于逻辑函数，能对第一参数进行判断，并根据判断结果，返回不同的值，其语法格式为IF(Logical_test,Value_if_true,Value_if_false)。使用此函数时需注意如下几点。

◎ Logical_test为IF函数的第一参数，作用是IF函数判断的参照条件。

◎ Value_if_true为IF函数的第二参数，表示当IF函数判断Logical_test成立时返回的值。

◎ Value_if_false为IF函数的第三参数，表示当IF函数判断Logical_test不成立时返回的值。

◎ 第二参数可以省略，此时若应该返回第二参数的值时，则返回"0"。

◎ 第三参数可以省略，此时若应该返回第三参数的值，则有两种情况：一是若第三参数前面的","一起省略，则将返回TRUE；二是若","未省略，则将返回"0"。

6.3.6 INT函数

INT函数为取整函数，属于数学函数与三角函数，能返回指定的数字取整后小于或等于它的整数，其格式为INT(number)。使用此函数时需注意如下几点。

◎ 此函数只会返回小于或等于它的整数。如INT(2.9)则将返回"2"；INT(-8.6)则将返回"-9"。

◎ 此函数的参数可以为单元格引用。即INT(A3)，根据A3单元格的数据进行取整。

6.3.7 课堂案例3——计算销量统计表数据

利用多种函数计算销量统计表中的数据，包括统计数量、最高/最低销售数量、销售总价、销售平均价、销售情况等。完成后的参考效果如图6-27所示。

素材所在位置	光盘:\素材文件\第6章\课堂案例3\销量统计表.xlsx
效果所在位置	光盘:\效果文件\第6章\课堂案例3\销量统计表.xlsx
视频演示	光盘:\视频文件\第6章\计算销量统计表数据.swf

	A	B	C	D	E	F	G	H
1	A品牌服装销量统计表							
2	类别	单价（元）	数量（件）	总价（元）	销售情况			
3	牛仔裤	¥268.00	20	5,360.00	优			
4	T恤	¥188.00	23	4,324.00	优			
5	衬衣	¥168.00	25	4,200.00	良			
6	外套	¥398.00	10	3,980.00	良			
7	鞋子	¥218.00	20	4,360.00	优			
8	休闲裤	¥258.00	15	3,870.00	差			
9	统计商品数量	最高销售数量	最低销售数量	销售总价	销售平均价			
10	6	25	10	¥26,094.00	¥4,349.00			

图6-27　销量统计表的参考效果

（1）打开素材文件"销量统计表.xlsx"，选择A10单元格，在编辑框中输入函数
"=COUNT(C3:C8)"，按【Ctrl+Enter】组合键，如图6-28所示。

（2）选择B10单元格，在编辑框中输入函数"=MAX(C3:C8)"，按【Ctrl+Enter】组合键，如
图6-29所示。

图6-28　计算商品数量　　　　　　　　　　图6-29　返回销量最高的数值

（3）选择C10单元格，在编辑框中输入函数"=MIN(C3:C8)"，按【Ctrl+Enter】组合键，如
图6-30所示。

（4）选择D10单元格，在编辑框中输入函数"=SUM(D3:D8)"，按【Ctrl+Enter】组合键，如
图6-31所示。

图6-30　返回销量最低的数值　　　　　　　图6-31　计算所有商品销售总价

（5）选择E10单元格，在编辑框中输入函数"=AVERAGE(D3:D8)"，按【Ctrl+Enter】组合
键，如图6-32所示。

（6）选择E3:E8单元格区域，在编辑框左侧单击"插入函数"按钮，如图6-33所示。

图6-32　计算所有商品销售平均价　　　　　图6-33　插入函数

（7）打开"插入函数"对话框，在"或选择类别"下拉列表框中选择"逻辑"选项，在"选
择函数"列表框中选择"IF"选项，单击 确定 按钮，如图6-34所示。

（8）打开"函数参数"对话框，在"Logical_test"文本框中输入"D3<3900"，在"Value_

if_true"文本框中输入"差",如图6-35所示。

图6-34 选择函数

图6-35 设置函数参数

（9）将文本插入点定位到"Value_if_false"文本框中，单击名称框右侧的下拉按钮 ，在打开的下拉列表中选择"IF"选项，如图6-36所示。

（10）打开"函数参数"对话框，分别在"Logical_test""Value_if_true""Value_if_false"文本框中输入"D3>=4300""优""良"，单击 确定 按钮，如图6-37所示。

图6-36 嵌套函数

图6-37 设置函数参数

（11）此时将只计算出一个商品的销售情况，保持单元格区域的选择状态，在编辑框的函数最后单击鼠标定位文本插入点，如图6-38所示。

（12）按【Ctrl+Enter】组合键返回其他商品的销售情况，如图6-39所示。保存文档即可。

图6-38 定位插入点

图6-39 快速返回其他商品销售情况

6.4 课堂练习

本次课堂练习将分别对项目提成表格和实发工资表格中的数据进行计算。通过这两个练习，进一步掌握对公式与函数的使用技能。

6.4.1 计算员工项目提成数据

1. 练习目标

本练习的目标是计算两名员工的销售数据，其中将主要涉及公式的应用、填充，以及引用不同工作表中的单元格等操作。完成后的参考效果如图6-40所示。

图6-40　项目提成表的参考效果

素材所在位置	光盘:\素材文件\第6章\课堂练习\项目提成.xlsx
效果所在位置	光盘:\效果文件\第6章\课堂练习\项目提成.xlsx
视频演示	光盘:\视频文件\第6章\计算员工项目提成数据.swf

2. 操作思路

完成本练习需要依次在3个工作表中利用公式计算不同项目的数据，然后在"汇总"工作表中通过引用前3个工作表的数据来汇总结果。其操作思路如图6-41所示。

① 计算各项目数据　　　② 计算其他工作表数据　　　③ 汇总其他工作表数据

图6-41　计算员工项目提成的思路

（1）在"7月"工作表中利用公式计算李慧和王建波的销售数据，各公式如下。

◎ 签单总额合计=各项目签单金额之和

◎ 各项目未付金额=各项目签单金额-各项目已付金额

◎ 各项目提成奖金=各项目签单金额*项目提成系数（绝对引用）

◎ 项目提成总额合计=各项目提成奖金之和

（2）按相同方法分别计算"8月"和"9月"工作表中的数据。

（3）在"汇总"工作表中，通过引用同一工作簿的不同工作表中单元格的方法计算两位员工的所有提成。

6.4.2 计算员工实发工资数据

1. 练习目标

本练习的目标是利用公式与函数计算员工工资的相关数据，其中将主要涉及函数与嵌套函数的使用。完成后的参考效果如图6-42所示。

	B15	▼	f_x =IF(AVERAGE(G3:G6)B14,"高于",IF(AVERAGE(G3:G6)=B14,"等于","低于"))			
	A	B	C	D	E	F	G
1	员工实发工资表						
2	姓名	职务	基本工资	绩效奖金	交通津贴	应扣罚金	实发工资
3	郭小月	销售专员	¥4,000.0	¥0.0	¥100.0	¥10.0	¥4,090.0
4	王珏	销售专员	¥4,000.0	¥200.0	¥50.0	¥50.0	¥4,200.0
5	杨科	销售专员	¥4,000.0	¥300.0	¥0.0	¥0.0	¥4,300.0
6	张余杰	销售专员	¥4,000.0	¥300.0	¥100.0	¥20.0	¥4,380.0
7	李立	客服人员	¥4,200.0	¥200.0	¥0.0	¥30.0	¥4,370.0
8	赵明	客服人员	¥4,200.0	¥300.0	¥50.0	¥0.0	¥4,550.0
9	汪阳	行政助理	¥4,500.0	¥100.0	¥50.0	¥0.0	¥4,650.0
10	饶小娟	行政主管	¥5,500.0	¥300.0	¥50.0	¥50.0	¥5,800.0
11	余小慧	销售主管	¥5,500.0	¥600.0	¥50.0	¥100.0	¥6,050.0
12	周涛	总经理	¥6,500.0	¥500.0	¥50.0	¥50.0	¥7,000.0
13	实发工资总额	¥49,390.0					
14	平均实发工资	¥4,939.0					
15	销售专员平均工资	低于	员工平均工资				

图6-42 实发工资表的参考效果

素材所在位置	光盘:\素材文件\第6章\课堂练习\实发工资表.xlsx
效果所在位置	光盘:\效果文件\第6章\课堂练习\实发工资表.xlsx
视频演示	光盘:\视频文件\第6章\计算员工实发工资数据.swf

2. 操作思路

完成本练习首先应计算各员工的实发工资数据，然后利用函数统计实发工资总额和平均工资，最后判断销售专员平均工资与所有员工工资数据。其操作思路如图6-43所示。

绩效奖金	交通津贴	应扣罚金	实发工资
¥0.0	¥100.0	¥10.0	¥4,090.0
¥200.0	¥50.0	¥50.0	¥4,200.0
¥300.0	¥0.0	¥0.0	¥4,300.0
¥300.0	¥100.0	¥20.0	¥4,380.0
¥200.0	¥0.0	¥30.0	¥4,370.0
¥300.0	¥50.0	¥0.0	¥4,550.0
¥100.0	¥50.0	¥0.0	¥4,650.0
¥300.0	¥50.0	¥50.0	¥5,500.0
¥600.0	¥50.0	¥100.0	¥6,050.0
¥500.0	¥50.0	¥50.0	¥7,000.0

① 计算员工实发工资

4	王珏	销售专员	¥4,000.0
5	杨科	销售专员	¥4,000.0
6	张余杰	销售专员	¥4,000.0
7	李立	客服人员	¥4,200.0
8	赵明	客服人员	¥4,200.0
9	汪阳	行政助理	¥4,500.0
10	饶小娟	行政主管	¥5,500.0
11	余小慧	销售主管	¥5,500.0
12	周涛	总经理	¥6,500.0
13	实发工资总额	¥49,390.0	
14	平均实发工资	¥4,939.0	

② 统计实发工资

6	张余杰	销售专员	¥4,000.0
7	李立	客服人员	¥4,200.0
8	赵明	客服人员	¥4,200.0
9	汪阳	行政助理	¥4,500.0
10	饶小娟	行政主管	¥5,500.0
11	余小慧	销售主管	¥5,500.0
12	周涛	总经理	¥6,500.0
13	实发工资总额	¥49,390.0	
14	平均实发工资	¥4,939.0	
15	销售专员平均工资	低于	员工平均工

③ 判断工资数据

图6-43 计算员工实发工资的思路

（1）利用求和函数与公式计算每位员工的实发工资。实发工资=基本工资+绩效奖金+交通津贴-应扣罚金。

（2）使用SUM函数计算实发工资总额。

（3）使用AVERAGE函数计算平均实发工资。

（4）使用IF函数判断销售专员的平均工资是高于、等于，还是低于员工平均工资，其中销售专员平均工资应使用AVERAGE函数嵌套。

6.5 拓 展 知 识

公式与函数是Excel中使用频率非常高的对象之一，为更好地运用它们讲解实际问题，下面补充介绍一些实用的操作和技巧，以提高公式与函数的应用水平。

6.5.1 了解不同函数的基本用法

Excel中自带了许多不同类型的函数，并且每个函数的参数都是不同的，在使用函数计算单元格中的数据时，若想快速查阅该函数的参数功能，可先在编辑栏中输入需插入的函数名称，如"=SUMIF"，然后按【Ctrl+A】组合键，此时Excel会自动打开该函数的"函数参数"对话框，将文本插入点定位到其中不同的参数文本框时，便可在对话框下方查看该参数的作用和用法，如图6-44所示。

图6-44 查看函数参数的用法

6.5.2 搜索需要的函数

如果对系统提供的函数不是很熟悉，如何使用合适的函数计算数据就显得非常困难，此时可按以下方法尝试寻找所需函数：打开"插入函数"对话框，在"搜索函数"文本框中输入所需函数的功能，如直接输入"查找"两个字，然后单击 转到(G) 按钮，在"选择函数"列表框中就会列出多个用于查找的函数，如图6-45所示。选择某个函数选项，在对话框的最下面就会显示该函数的具体功能。用户还可单击"有关该函数的帮助"超链接来查看更详细的描述。

图6-45 查找合适的函数

6.6 课 后 习 题

（1）在产品库存表中利用公式计算每种产品的本月库存量，然后利用合适的函数计算所有产品平均库存量、最小库存量、最大库存量。

提示： 产品本月库存量=上月库存–本月销量+本月进货。表格最终效果如图6-46所示。

素材所在位置	光盘:\素材文件\第6章\课后习题\产品库存表.xlsx
效果所在位置	光盘:\效果文件\第6章\课后习题\产品库存表.xlsx
视频演示	光盘:\视频文件\第6章\计算产品库存表数据.swf

图6-46　产品库存表的参考效果

（2）在培训成绩表中分别计算各员工的培训成绩总分，然后利用函数进行等级判断，标准为大于85分者，等级为"优秀"，等于或低于85分者，等级为"一般"。

提示：利用SUM函数计算成绩总分；利用IF函数进行等级判断，其中判断条件为AVERAGE函数嵌套。表格最终效果如图6-47所示。

素材所在位置	光盘:\素材文件\第6章\课后习题\培训成绩表.xlsx
效果所在位置	光盘:\效果文件\第6章\课后习题\培训成绩表.xlsx
视频演示	光盘:\视频文件\第6章\计算培训成绩表数据.swf

	A	B	C	D	E	F	G	H
1	员工培训成绩表							
2	姓名	理论	团队	思维	创新	操作	总分	等级
3	姚姚	80.00	99.00	85.00	91.00	87.00	442.00	优秀
4	吴明	91.00	85.00	65.00	86.00	90.00	417.00	一般
5	蔡小凤	75.00	90.00	86.00	95.00	77.00	423.00	一般
6	尉黎	88.00	76.00	73.00	78.00	85.00	400.00	一般
7	刘宋	95.00	90.00	81.00	91.00	84.00	441.00	优秀
8	黄莺	86.00	88.00	79.00	80.00	92.00	425.00	一般
9	王爽	71.00	80.00	82.00	89.00	86.00	408.00	一般

图6-47　培训成绩表的参考效果

第7章

统计Excel表格数据

　　Excel的特点除了体现在数据计算的方面外，数据的管理也是其非常显著的特点。通过前面的学习可以知道，表格一般由标题、项目（也称表头、字段）、若干条记录组成，对于这种表格的数据，便可使用Excel中的排序、筛选、分类汇总等功能进行管理，以便更好地对数据进行使用和分析。本章就将针对这些功能的实现方法做重点讲解。

学习要点

◎　数据排序
◎　数据筛选
◎　数据分类汇总

学习目标

◎　掌握数据的简单排序、关键字排序
◎　了解按行排列数据的方法
◎　掌握简单筛选、自定义条件筛选数据的操作
◎　了解高级筛选的方法
◎　熟悉分类汇总数据方法

7.1 排 列 数 据

排列数据即数据的排序，此操作在实际工作中使用得非常普遍，如通过从高到低的降序排列查看产品销量；通过从低到高的升序排列整理订单编号等。下面将对Excel中的几种常用的排序功能进行讲解，主要包括简单排序、关键字排序、按行排序等内容。

7.1.1 简单排序

简单排序是指以表格中的某一个项目下的数据为排列依据，对所有记录的顺序进行调整。其方法为：选择作为排序依据的项目或其下任意包含数据的单元格，在【数据】→【排序和筛选】组中单击"升序"按钮 或"降序"按钮 ，如图7-1所示即为以"理论"项目下的数据为排列依据，对表格中的所有记录进行降序排列的效果。

图7-1 降序排列数据的操作过程

7.1.2 关键字排序

简单排序虽然快捷，但一旦出现相同的排序依据时，其整理出的结果就不一定准确，此时便可利用关键字排序解决问题。利用关键字排序的原理为：设置主要关键字和若干次要关键字为排序依据，当主要关键字的排序依据存在相同数据时，便按次要关键字作为排序依据，以此类推。使用关键字排序的具体操作如下。

（1）选择任意包含数据的单元格或单元格区域，在【数据】→【排序和筛选】组中单击"排序"按钮 。

（2）打开"排序"对话框，在"主要关键字"下拉列表框中选择排序参照的项目，如"理论"选项，在"排序依据"下拉列表框中选择"数值"选项，表示按数值大小排序，在"次序"下拉列表框中选择排序方法，如"降序"选项，如图7-2所示。

（3）单击 按钮，继续设置次要关键字的项目、排序依据、排序方法，如"思维、数值、降序"，表示当主要关键字的数值相同时，按次要关键字排序，单击 按钮即可，如图7-3所示。

图7-2 设置主要关键字

图7-3 设置次要关键字

根据实际排序需要，可多次单击 [添加条件(A)] 按钮设置多个排序依据，单击 [删除条件(D)] 按钮则可将当前设置的排序依据删除。

7.1.3 按行排序

无论是简单排序还是关键字排序，调整顺序的对象都是表格中的各条记录，如果需要调整的对象是表格项目，则可利用按行排序来实现，其具体操作如下。

（1）选择任意包含数据的单元格或单元格区域，如图7-4所示。

（2）打开"排序"对话框，单击 [选项(O)...] 按钮，打开"排序选项"对话框，单击选择"按行排序"单选项，然后单击 [确定] 按钮，如图7-5所示。

图7-4 选择单元格区域

图7-5 设置按行排序

（3）在"排序"对话框中设置排序依据、排序方法，如"行2、数值、降序"，表示根据第2行的数据，将项目进行降序排列，单击 [确定] 按钮，如图7-6所示。

（4）此时表格中的单元格区域将按设置进行重新排列，如图7-7所示。

图7-6 设置排序依据　　　　　　　　　　图7-7 排序结果

7.1.4 课堂案例1——整理产品报价表数据

将产品报价表数据按批发价降序排列，其中批发价相同的数据记录按型号升序排列。排序前后的表格对比效果如图7-8所示。

A科技公司产品报价明细				
产品名	型号	批发价	出厂价	零售价
充电风扇	LQFS-01	¥20	¥28	¥46
电蚊拍	LQFS-02	¥10	¥14	¥23
灭蚊器	LQFS-03	¥5	¥7	¥12
充电筒	LQFS-04	¥8	¥11	¥18
台灯	LQFS-05	¥10	¥14	¥23
电风扇	LQFS-06	¥25	¥35	¥58
充电香薰	LQFS-07	¥20	¥28	¥46
驱蚊器	LQFS-08	¥18	¥25	¥41

A科技公司产品报价明细				
产品名	型号	批发价	出厂价	零售价
电风扇	LQFS-06	¥25	¥35	¥58
空气加湿器	LQFS-09	¥22	¥31	¥51
充电风扇	LQFS-01	¥20	¥28	¥46
充电香薰	LQFS-07	¥20	¥28	¥46
驱蚊器	LQFS-08	¥18	¥25	¥41
电蚊拍	LQFS-02	¥10	¥14	¥23
台灯	LQFS-05	¥10	¥14	¥23
充电筒	LQFS-04	¥8	¥11	¥18

图7-8 "产品报价表"排序前后的对比效果

素材所在位置　光盘:\素材文件\第7章\课堂案例1\产品报价表.xlsx
效果所在位置　光盘:\效果文件\第7章\课堂案例1\产品报价表.xlsx
视频演示　　　光盘:\视频文件\第7章\整理产品报价表数据.swf

（1）打开素材文件"产品报价表.xlsx"，选择B4单元格，在【数据】→【排序和筛选】组中单击"排序"按钮，如图7-9所示。

（2）打开"排序"对话框，在"主要关键字"下拉列表框中选择"批发价"选项，在"次序"下拉列表框中选择"降序"选项，如图7-10所示。

图7-9　选择单元格

图7-10　设置排序主要关键字

（3）单击"添加条件(A)"按钮，在"次要关键字"下拉列表框中选择"型号"选项，在"次序"下拉列表框中选择"升序"选项，单击"确定"按钮，如图7-11所示。

（4）此时表格将优先按批发价数据进行降序排列，当批发价相同时，则按型号数据排列，如图7-12所示。

图7-11　设置排序次要关键字

图7-12　排序结果

7.2　筛选数据

筛选数据是指将符合条件的记录显示在表格中，将其他记录暂时隐藏的操作。本节将介绍如何使用Excel的各种筛选功能完成对数据的筛选。

7.2.1　简单筛选

简单排序可以手动设置需要筛选出的数据和需要暂时隐藏的数据，此操作简单易行，适合在数据量不大的表格中使用。如果数据量很大，简单筛选需要的工作量就更大，就越显得不适用。对数据进行简单筛选的方法为：选择任意含有数据的单元格，在【数据】→【排序和筛选】组中单击"筛选"按钮，此时表格所有项目的右侧将出现筛选下拉按钮，单击该按钮，可在打开的下拉列表中单击选择或撤销选择数据对应的复选框，实现数据的筛选和隐藏操作，完成后单击 确定 按钮即可，如图7-13所示。

图7-13　手动设置需要筛选或隐藏的数据

知识提示　　筛选数据后，可通过单击【数据】→【排序和筛选】组中的"筛选"按钮或 清除 按钮清除筛选状态，显示表格中的全部数据。

7.2.2　自定义条件筛选

自定义条件筛选可以直接使用Excel提供的筛选条件或自行设置筛选条件，使满足条件的数据显示，不满足条件的数据隐藏，此功能可以有效提高工作效率，其方法为：单击"筛选"按钮进入筛选状态，单击项目（此项目下的记录为数据）右侧的筛选下拉按钮，在打开的下拉列表中选择"数字筛选"选项，在打开的子列表中选择相应的筛选条件对应的选项，打开"自定义自动筛选方式"对话框，在其中进行设置即可。图7-14所示即为显示批发价大于18的数据记录的操作过程。

图7-14　自定义筛选的操作过程

操作技巧　　"自定义自动筛选方式"对话框中包含4个下拉列表框和2个单选项，左侧两个下拉列表框可设置筛选条件，右侧两个下拉列表框可设置条件数据；"与"单选项表示数据必须同时满足上下两侧下拉列表框中设置的条件；"或"单选项表示数据只要满足上下两侧下拉列表框中设置的条件之一即可。

7.2.3 高级筛选

简单筛选和自定义筛选只能针对一个项目进行筛选操作，要想对两个或多个项目同时设置筛选条件来筛选数据，便可使用高级筛选的功能，其具体操作如下。

（1）在表格的空白区域输入筛选条件，其中项目必须相同，条件中的符号均为英文状态下输入的符号，多个条件所在的单元格应相邻。

（2）选择任意含有数据的单元格，在【数据】→【排序和筛选】组中单击 高级 按钮，打开"高级筛选"对话框，通过拖曳鼠标的方式指定列表区域和条件区域，其中列表区域为需要筛选的所有项目和数据记录所在的单元格区域；条件区域即手动输入的筛选条件所在的单元格区域。

（3）完成后单击 确定 按钮，此时便将筛选满足条件的数据记录，如图7-15所示。

图7-15 高级筛选的操作过程

7.2.4 课堂案例2——筛选员工档案表数据

在员工档案表中筛选出所有学历为"大学本科"的数据记录，然后清除筛选，并重新筛选出业绩评分小于60或大于85的数据记录。两次筛选结果的效果如图7-16所示。

素材所在位置	光盘:\素材文件\第7章\课堂案例2\员工档案表.xlsx
效果所在位置	光盘:\效果文件\第7章\课堂案例2\员工档案表.xlsx
视频演示	光盘:\视频文件\第7章\筛选员工档案表数据.swf

	A	B	C	D	E	F	G
1	员工档案表						
2	编号	姓名	性别	出生年月	学历	职称	业绩评分
4	AS0002	王进	女	1981/6/15	大学本科	中级	60
6	AS0004	任小义	女	1975/10/12	大学本科	高级	91
7	AS0005	刘诗琦	女	1983/7/5	大学本科	高级	62
8	AS0006	袁中星	男	1972/9/1	大学本科	中级	60
15	AS0013	陈靖	女	1982/5/1	大学本科	中级	69
16	AS0014	杨丽	女	1982/5/2	大学本科	中级	82
18	AS0016	陈玲玉	女	1982/5/4	大学本科	中级	81
20	AS0018	王进	女	1981/6/15	大学本科	中级	72
23	AS0021	刘诗琦	男	1983/7/5	大学本科	高级	51

	A	B	C	D	E	F	G
1	员工档案表						
2	编号	姓名	性别	出生年月	学历	职称	业绩评分
3	AS0001	左代	男	1980/7/5	大专	高级	55
6	AS0004	任小义	女	1975/10/12	大学本科	高级	91
9	AS0007	邢小都	男	1968/9/18	大专	初级	52
10	AS0008	代敬浩	男	1980/7/9	大专	初级	88
11	AS0009	陈魏龙	男	1986/10/10	研究生	高级	54
13	AS0011	董弦韵	男	1982/4/29	大专	高级	53
19	AS0017	左代	男	1980/7/5	大专	高级	56
23	AS0021	刘诗琦	男	1983/7/5	大学本科	高级	51

图7-16 "员工档案表"两次筛选的结果

（1）打开素材文件"员工档案表.xlsx"，选择E2单元格，在【数据】→【排序和筛选】组中单击"筛选"按钮 ，如图7-17所示。

（2）单击"学历"项目右侧的筛选下拉按钮 ，在弹出的界面中首先撤销选择"(全选)"复选框，然后单击选择"大学本科"复选框，单击 确定 按钮，如图7-18所示。

图7-17 选择单元格

图7-18 简单筛选

（3）此时将筛选出所有学历为大学本科的数据记录，单击【数据】→【排序和筛选】组中的 清除 按钮，如图7-19所示。

（4）清除筛选数据后，单击"业绩评分"项目右侧的筛选下拉按钮 ，在打开的下拉列表中选择"数字筛选"选项，在打开的子列表中选择"自定义筛选"选项，如图7-20所示。

图7-19 清除筛选

图7-20 自定义筛选

（5）打开"自定义自动筛选方式"对话框，在左上方的下拉列表框中选择"小于"选项，在右侧的下拉列表框中输入"60"，单击选择"或"单选项。在右下方的下拉列表框中选择"大于"选项，在右侧的下拉列表框中输入"85"，单击 确定 按钮，如图7-21所示。

（6）完成筛选，效果如图7-22所示，保存表格即可完成本例操作。

图7-21 设置筛选条件　　　　　　图7-22 筛选结果

职业素养

实际工作中对数据进行筛选往往都是需要根据筛选结果来评判或查看与工作相关的问题，因此筛选结果正确与否就显得非常重要。办公人员要确保该结果的正确性，首先要保证数据记录的输入和计算正确无误，其次要保证筛选条件的设置正确，这样才能获得正确的筛选结果，进而为公司提供可靠且有利的数据支持。

7.3 分类汇总数据

分类汇总是指将数据记录按某一类型进行分类显示，并按一定的计算方法汇总同类数据的操作，其原理是利用排序功能按某一项目下的数据进行排序，以便将相同的数据显示在一起，进而利用各种计算方法汇总出同类数据的结果。

7.3.1 创建分类汇总

创建分类汇总时，首先应对数据进行排序，然后利用分类汇总功能来实现汇总的目的，其方法为：以某一项目的数据为依据进行排序，然后在【数据】→【数据工具】组中单击"分类汇总"按钮，在打开的对话框中设置分类字段（即排序依据的项目）、汇总方式、汇总项，单击 确定 按钮即可，如图7-23所示。

图7-23　分类汇总的操作过程

操作技巧

在"分类汇总"对话框左下角单击 全部删除(R) 按钮，可删除汇总数据，重新将表格数据恢复到分类汇总之前的状态。

7.3.2 查看分类汇总数据

对数据进行分类汇总后，可利用左侧显示的按钮控制汇总数据的显示状态，如图7-24所示。各按钮的作用分别如下。

◎ 1 2 3 按钮组：此按钮组包含3个级别的按钮，单击"1级"按钮 1 ，将仅显示最后一行汇总数据；单击"2级"按钮 2 ，将显示不同分类的汇总数据和总汇总数据；单击"3级"按钮 3 将显示所有数据。

图7-24　分类汇总的控制按钮

◎ "展开"按钮➕：单击该按钮将展开对应分类的所有明细数据。

◎ "收缩"按钮➖：单击该按钮将收缩对应分类的所有明细数据，仅显示汇总数据。

知识提示

123按钮组可快速实现汇总数据的显示状态，"展开"按钮➕和"收缩"按钮➖则可根据需要手动控制汇总数据的显示状态，二者综合使用便能很好地查看汇总数据。

7.3.3 课堂案例3——分类汇总客服管理表

将客服管理表以客户性质为依据进行分类汇总，要求汇总出实际购买量和转化率的平均值，然后显示新客户的明细汇总数据，以及VIP客户和老客户的汇总数据。表格分类汇总前后的对比效果如图7-25所示。

素材所在位置　光盘:\素材文件\第7章\课堂案例3\客服管理表.xlsx

效果所在位置　光盘:\效果文件\第7章\课堂案例3\客服管理表.xlsx

视频演示　　　光盘:\视频文件\第7章\分类汇总客服管理表.swf

图7-25　"客服管理表"分类汇总前后的对比结果

（1）打开素材文件"客服管理表.xlsx"，选择C2单元格，在【数据】→【排序和筛选】组中单击"升序"按钮⤴，如图7-26所示。

（2）继续在【数据】→【数据工具】组中单击"分类汇总"按钮，打开"分类汇总"对话框。在"分类字段"下拉列表框中选择"客户性质"选项，在"汇总方式"下拉列表框中选择"平均值"选项，在"选定汇总项"列表框中单击选择"实际购买量"和"转化率"复选框，单击　确定　按钮，如图7-27所示。

图7-26　按客户性质排序数据

图7-27　分类汇总数据

（3）在分类汇总状态下，单击左上方的"2级"按钮 ②，如图7-28所示。

（4）此时将仅显示各分类数据的汇总结果和总计汇总数据，单击"新客户 平均值"数据所在行对应的"展开"按钮 ⊞，显示新客户的明细数据，如图7-29所示。保存表格即可。

图7-28 查看分类汇总效果　　　　　　图7-29 显示2级汇总数据与新客户明细数据

7.4 课堂练习

本次课堂练习将分别对"岗位对照表"和"绩效考核表"进行数据管理，综合运用排序、筛选、分类汇总等方法来查看与分析数据，以进一步巩固和加深这些操作的使用方法。

7.4.1 排列并汇总岗位对照表数据

1．练习目标

本练习的目标是通过排序和分类汇总来管理"岗位对照表"，以便查看不同岗位等级、职位的员工对应的工龄和加班数据。本练习完成后的参考效果如图7-30所示。

图7-30 "岗位对照表"的排序和分类汇总参考效果

素材所在位置	光盘:\素材文件\第7章\课堂练习\岗位对照表.xlsx
效果所在位置	光盘:\效果文件\第7章\课堂练习\岗位对照表.xlsx
视频演示	光盘:\视频文件\第7章\排列并汇总岗位对照表.swf

2. 操作思路

完成本练习需要利用到关键字排序、简单排序、分类汇总、查看汇总数据、清除分类汇总等操作，其中关键字排序将涉及3个关键字的添加。其中最重要的环节主要是数据的排序和分类汇总，操作思路如图7-31所示。

① 关键字排序　　　② 简单排序　　　③ 分类汇总

图7-31　"岗位对照表"的管理思路

（1）打开素材文件"岗位对照表.xlsx"，为表格数据进行关键字排序，主要关键字为"岗位等级"、排序方式为"升序"；次要关键字为"工龄"、排序方式为"降序"；岗位等级和工龄都相同时，按加班时间降序排列。

（2）重新将数据记录按职位进行升序排列的简单排序操作。

（3）对数据记录进行分类汇总，分类依据为"职位"、汇总方式为"平均值"、汇总项包括工龄和加班时间。

（4）从高到低逐级查看汇总数据，然后切换到"2级"汇总数据状态，利用"展开"按钮 依次展开各类别的明细数据。

（5）清除分类汇总数据，保存表格数据。

7.4.2　统计绩效考核表

1. 练习目标

本练习的目标是通过排序和筛选操作，查看并统计与各业务员相关的销售与绩效成绩。本练习完成后的参考效果如图7-32所示。

图7-32　"绩效考核表"筛选统计后的参考效果

素材所在位置	光盘:\素材文件\第7章\课堂练习\绩效考核表.xlsx
效果所在位置	光盘:\效果文件\第7章\课堂练习\绩效考核表.xlsx
视频演示	光盘:\视频文件\第7章\统计绩效考核表.swf

2. 操作思路

完成本练习需要先利用排序功能中的"笔画排序"对数据记录进行排列，然后依次使用简单筛选、自定义筛选、高级筛选来筛选统计表格数据，具体操作思路如图7-33所示。

① 按笔画排序　　　　② 简单筛选　　　　③ 自定义筛选　　　　④ 高级筛选

图7-33　"绩效考核表"的统计思路

（1）打开素材文件"绩效考核表.xlsx"，选择任意包含数据的单元格，打开"排序"对话框，利用 选项⑩… 按钮设置为"笔画排序"方式，然后设置关键字为"姓名"、排序方式为"升序"，对数据记录进行排列。

（2）进入筛选状态，以评语为筛选依据，快速筛选出所有评语为"优秀"和"良好"的数据记录。

（3）退出筛选状态，然后重新筛选，要求筛选出绩效奖金最高的前10个记录（利用"10个最大的值"命令来完成）。

（4）退出筛选状态，手动输入3个筛选条件，依次为"本月任务""＞80000""任务完成率""＜1""评语""差"。

（5）对数据记录进行高级筛选，列表区域为表格的项目和所有数据记录区域，条件区域为手动输入的条件区域。统计完成后保存表格。

7.5 拓 展 知 识

本章主要对数据排序、筛选、分类汇总的操作进行讲解，为了满足日常工作的需要，下面将介绍两种非常适用的排序方法和技巧，即自定义排序和巧用按行排序的操作。

7.5.1 自定义排序

自定义排序可以根据实际情况手动创建排序顺序，然后按该顺序对数据记录进行排列，适用于公司对部门、产品、职位等为关键字进行排序的情况，其具体操作如下。

（1）选择任意包含数据的单元格，打开"排序"对话框，在"次序"下拉列表框中选择"自定义序列"选项，如图7-34所示。

（2）打开"自定义序列"对话框，在"输入序列"列表框中输入序列内容，各项目之间按【Enter】键换行，如图7-35所示。

图7-34　自定义序列

图7-35　输入序列内容

（3）单击 添加(A) 按钮将输入的序列添加到左侧的"自定义序列"列表框中，单击 确定 按钮完成添加，如图7-36所示。

（4）返回"排序"对话框，设置关键字和排序依据后，在"次序"下拉列表框中选择自定义的序列，单击 确定 按钮即可，如图7-37所示。

图7-36　添加序列

图7-37　以该序列排序

7.5.2 按行排序的使用技巧

在不使用自定义排序的前提下，按行排序只能按升序或降序的方式改变项目的位置，可能造成总计性项目的位置排列到前面，出现不合理的情况。若使用自定义排序，则每种表格都需要自定义一种排列顺序，未免也太过麻烦。实际上只要掌握按行排序的原理，便可轻松解决这个问题，让项目按自己需要的顺序进行排列。

巧用按行排序的具体操作如下。

（1）在数据记录下方相邻的行中输入数字，其大小代表项目排序后的顺序，如图7-38所示。

（2）选择任意项目，打开"排序"对话框，单击 选项(O) 按钮打开"排序选项"对话框，单击选择"按行排序"单选项，单击 确定 按钮，如图7-39所示。

图7-38　输入数字设置顺序

图7-39　按行排序

（3）将主要关键字设置为输入数字所在的行，将次序设置为"升序"，单击 确定 按钮，如图7-40所示。

（4）完成排序后，可将数字删除，如图7-41所示。

图7-40　设置关键字和排序方式　　　　　图7-41　删除数字

7.6　课后习题

（1）打开"工资汇总表.xlsx"工作簿，筛选出工资总和大于40000且小于45000，同时月最高工资大于4600的所有数据记录。然后重新显示所有数据，以排名为依据进行升序排列。

素材所在位置　　光盘\素材文件\第7章\课后习题\工资汇总表.xlsx

效果所在位置　　光盘\效果文件\第7章\课后习题\工资汇总表.xlsx

视频演示　　　　光盘\视频文件\第7章\筛选并排列工资汇总表.swf

提示： 工资总和大于40000且小于45000需设置为两个独立的条件，因此高级筛选的条件为3个，筛选后需清除筛选状态，然后进行排序。排序后的参考效果如图7-42所示。

（2）打开"出差统计表.xlsx"工作簿，统计出各部门和全公司各项费用的最高金额。

素材所在位置　　光盘\素材文件\第7章\课后习题\出差统计表.xlsx

效果所在位置　　光盘\效果文件\第7章\课后习题\出差统计表.xlsx

视频演示　　　　光盘\视频文件\第7章\统计出差统计表.swf

提示： 对部门进行排序，然后以"部门"为分类依据、"最大值"为汇总方式、除"姓名"以外的各项目为汇总项，对数据进行分类汇总，参考效果如图7-43所示。

××公司本年度工资汇总表

姓名	工资总和	月平均工资	月最高工资	月最低工资	排名
邹文静	46269	3855.75	4531.5	2623.5	1
罗鸿亮	46078.2	3839.85	4722.3	2528.1	2
彭静	45744.3	3812.025	4674.6	2623.5	3
张明	45267.3	3772.275	4722.3	2528.1	4
谭桦	43740.9	3645.075	4770	2432.7	5
朱小军	43740.9	3645.075	4579.2	2862	6
付晓宇	43740.9	3645.075	4722.3	2385	6
郭凯	43311.6	3609.3	4674.6	2718.9	8
冯淑琴	41308.2	3442.35	4340.7	2480.4	9
张丽	41117.4	3426.45	4531.5	2480.4	10
王超	41022	3418.5	4770	2480.4	11
杨雪华	41022	3418.5	4436.1	2575.8	12
洪伟	40831.2	3402.6	4722.3	2385	13
陈佳倩	40735.2	3394.6	4770	2432.7	14
邓丽红	39924.9	3327.075	4770	2385	15
李萍	39686.4	3307.2	4531.5	2385	16

图7-42　"工资汇总表"排序后的参考效果

员工出差统计表

姓名	部门	住宿费	交通费	餐饮费	通讯费	合计
张晓伟	市场部	￥319.2	￥450.3	￥473.1	￥456.0	￥1,698.6
张丽丽	市场部	￥336.3	￥444.6	￥359.1	￥450.3	￥1,590.3
宋万	市场部	￥347.7	￥376.3	￥370.5	￥461.7	￥1,516.2
周羽	市场部	￥450.3	￥290.7	￥324.9	￥296.4	￥1,362.3
市场部　最大值		￥450.3	￥450.3	￥473.1	￥461.7	￥1,698.6
郭里瑞	销售部	￥501.6	￥541.5	￥393.3	￥490.2	￥1,926.6
孙洪伟	销售部	￥302.1	￥535.8	￥524.4	￥518.7	￥1,881.0
李全友	销售部	￥541.5	￥484.5	￥416.1	￥370.5	￥1,812.6
周敬	销售部	￥541.5	￥428.4	￥444.6	￥387.6	￥1,755.6
销售部　最大值		￥541.5	￥541.5	￥524.4	￥518.7	￥1,926.6
林晓伟	研发部	￥490.2	￥438.9	￥478.8	￥450.3	￥1,858.2
刘梅	研发部	￥507.3	￥378.9	￥319.2	￥530.1	￥1,755.6
邓超	研发部	￥421.8	￥450.3	￥364.8	￥404.7	￥1,641.6
刘红芳	研发部	￥330.6	￥535.8	￥336.3	￥353.4	￥1,556.1
王翔	研发部	￥324.9	￥421.8	￥376.2	￥359.1	￥1,482.0
研发部　最大值		￥507.3	￥535.8	￥478.8	￥530.1	￥1,858.2
总计最大值		￥541.5	￥541.5	￥524.4	￥530.1	￥1,926.6

图7-43　"出差统计表"分类汇总后的参考效果

第 **8** 章

使用图表分析数据

本章将主要介绍在Excel中创建图表、设置图表格式、创建数据透视表和数据透视图等知识。通过相关知识点的学习和案例的制作，可以熟悉并掌握创建图表、更改图表类型、更改数据类型、设置图表选项、设置图表区格式、设置绘图区格式、设置数据系列格式、创建数据透视表、利用数据透视表分析数据、创建数据透视图的方法。

学习要点

◎ 图表基本操作

◎ 美化图表

◎ 创建数据透视表

◎ 创建数据透视图

学习目标

◎ 掌握图表的基本操作方法

◎ 掌握美化图表的各种操作

◎ 熟悉创建数据透视表的方法

◎ 了解数据透视图和趋势线的使用方法

8.1 图表基本操作

为了使表格中的数据看起来更直观，可将数据以图表的形式显示。Excel中的图表与表格数据直接关联，可随数据的变化而变化，是分析数据的有利工具。下面将对图表的一些基本操作进行介绍，包括图表的组成与类型，图表的创建、更改等内容。

8.1.1 认识Excel图表

在创建与使用图表分析数据之前，应对图表的组成和类型有一定程度的熟悉，这样才能更好地使用图表为数据服务。

1. Excel图表的组成

下面以三维柱形图为例介绍图表的组成，如图8-1所示，其他类型的图表组成与之相似。

图8-1 图表的组成

◎ **图表区：**即整个图表对象，在图表中的空白区域单击鼠标可选择图表区，此时可按照调整图形的方法移动或缩放图表。

◎ **图表标题：**即图表名称，用来说明图表中数据要反映的内容，可根据需要显示或删除此组成部分。

◎ **数据系列：**即图表中的图形部分，数据系列将表格数据以图形化显示，是图表最直观反映数据的组成部分。数据系列中每一种图形对应一组数据。

◎ **图例：**用显示数据系列对应的样式和名称，可根据需要显示或删除该组成部分。

◎ **坐标轴：**包括垂直轴、垂直轴标题、垂直轴网格线、水平轴、水平轴标题、水平轴网格线。主要用于辅助显示数据系列，以便更好地理解数据系列反映的内容。

◎ **背景墙：**包括背面墙、侧面墙、基底，一般出现在三维类型的图表中，可使图表显得得更为立体。

知识提示　　图表区中除图表标题和图例以外的整个对象区域，统称为绘图区。在坐标轴数据之间的空白区域单击鼠标可选择该区域，此时也可对绘图区的大小和位置进行调整，数据系列、坐标轴、背景墙将统一改变。

2. Excel图表的类型

Excel提供了多达11种类型的图表，以满足对不同环境下分析数据的需求。下面重点介绍几种常用的图表类型，包括柱形图、折线图、饼图、条形图、面积图和散点图。

◎ **柱形图**：用于显示一段时间内数据的变化，或描绘各项目之间数据的对比变化，它强调一段时间内类别数据值的变化，如图8-2所示。

◎ **折线图**：用于显示等时间间隔数据的变化趋势，它强调的是数据的时间性和变动率，如图8-3所示。

图8-2 柱形图

图8-3 折线图

◎ **饼图**：用于显示每一数值在总数值中所占的比例。它只显示一个系列的数据比例关系，如果有几个系列同时被选择，只显示其中的一个系列，如图8-4所示。

◎ **条形图**：用于描绘各项目之间数据的差异，它常应用于分类标签较长的图表，以免出现柱形图中对较长的分类标签自动省略的情况，如图8-5所示。

图8-4 饼图

图8-5 条形图

◎ **面积图**：用于强调数据随时间而变化的程度，可直观地显示数据的起伏变化，如图8-6所示。

◎ **散点图**：也称XY图，可以显示单个或多个数据系列的数据在时间间隔条件下的变化趋势，常用于比较成对的数据，如图8-7所示。

图8-6 面积图

图8-7 散点图

8.1.2 创建图表

创建图表的方法为：选择需创建图表的单元格区域，在【插入】→【图表】组中单击相应的图表类型按钮，在打开的下拉列表中选择具体的图表类型选项即可，如图8-8所示。

图8-8 创建图表的过程

 操作技巧 单击相应的图表类型按钮，在打开的下拉列表中选择"所有图表类型"选项，或单击"图表"组右下角的"展开"按钮，可打开"插入图表"对话框，在其中选择更多图表类型进行创建。

8.1.3 更改图表类型

图表创建后可根据需要随时改变其类型，方法为如下两种。

◎ 选择图表，在【图表工具 设计】→【类型】组中单击"更改图表类型"按钮。

◎ 在图表上单击鼠标右键，在打开的快捷列表中选择"更改图表类型"选项。

执行以上任意操作后，都将打开"更改图表类型"对话框，在其中选择需要的类型后，单击 确定 按钮即可，如图8-9所示。

图8-9 选择其他图表类型

8.1.4 更改图表数据

更改图表数据是指调整图表中数据系列的内容，其方法为：选择图表区，拖曳表格中的蓝色框线即可，如图8-10所示。各种颜色框线的作用分别如下。

图8-10 更改图表数据的过程

◎ **蓝色框线**：对应图表中的数据系列，选择图表区拖曳此框线，紫色框线和绿色框线也将同时改变；选择数据系列拖动此框线，则可修改对应数据的数据系列。

◎ **紫色框线**：对应图表中的坐标轴数据，选择图表区拖曳此框线，蓝色框线也将同时改变；选择数据系列拖动此框线，则可修改对应数据的坐标轴数据。

◎ **绿色框线**：对应图表中的图例，选择图表区拖曳此框线，紫色框线和蓝色框线也将同时改变；选择数据系列拖动此框线，则可添加或删除图例及其对应的数据系列。

8.1.5 课堂案例1——创建销售趋势折线图

利用表格中已有的数据创建西南地区1~5月的销售二维簇状柱形图，然后调整数据，以同时显示其他3个地区的销售数据系列，并将图表更改为带数据标记的折线图。创建图表后的表格效果如图8-11所示。

素材所在位置 光盘:\素材文件\第8章\课堂案例1\地区销售统计表.xlsx
效果所在位置 光盘:\效果文件\第8章\课堂案例1\地区销售统计表.xlsx
视频演示 光盘:\视频文件\第8章\创建销售趋势折线图.swf

图8-11 "地区销售统计表"中折线图的参考效果

（1）打开素材文件"地区销售统计表.xlsx"，选择A2:F3单元格区域，在【插入】→【图表】组中单击"柱形图"按钮，在打开的下拉列表中选择图8-12所示的图表类型。

（2）在创建的图表中的空白区域单击鼠标选择图表区，向左上方拖曳右下角的控制点，适当缩小图表尺寸，然后选择图表标题，如图8-13所示，按【Delete】键删除。

图8-12 创建柱形图

图8-13 缩小图表并删除标题

（3）重新选择图表区，向下拖动表格中的蓝色框线至F6单元格位置，如图8-14所示。

（4）在更改的数据的图表上单击鼠标右键，在打开的快捷列表中选择"更改图表类型"选
项，如图8-15所示。

图8-14　调整表格数据

图8-15　更改图表类型

（5）打开"更改图表类型"对话框，在左侧的列表框中选择"折线图"选项，在右侧列表框
中选择图8-16所示的图表类型，单击 确定 按钮。

（6）在图表区上拖曳鼠标，将图表移至表格数据右侧完成操作，如图8-17所示。

图8-16　选择图表类型

图8-17　移动图表

8.2　美化图表

图表创建后，其默认的格式难免与预想的效果有些出入，此时可根据需要对图表进行美化
操作。本节将详细介绍图表美化的各种方法。

8.2.1　应用图表布局

Excel提供了一些预设的图表布局，其应用方法为：选择图表，在【图表工具 设计】→
【图表布局】组的下拉列表框中选择所需的布局选项即可，如图8-18所示。

图8-18　快速应用图表布局

8.2.2 应用图表样式

使用预设的图表样式可以快速对图表中的所有文本格式、数据系列等进行美化，其方法为：选择图表，在【图表工具 设计】→【图表样式】组的下拉列表框中选择所需的样式选项即可，如图8-19所示。

图8-19 快速应用图表样式

8.2.3 设置图表布局

选择图表后，在"图表工具 布局"选项卡中利用"标签"组、"坐标轴"组、"背景"组中的各个参数，可以根据实际需要有针对性地对图表布局进行设置，如图8-20所示。其中各参数的作用分别如下。

◎ **"图表标题"按钮**：单击该按钮，可在打开的列表中选择相应选项实现隐藏图表标题、将图表标题居中显示或显示在图表区上方等操作。

图8-20 设置图表布局的各种参数

◎ **"坐标轴标题"按钮**：单击该按钮，可在打开的列表中选择相应选项实现隐藏与显示横坐标轴标题和纵坐标轴标题等操作。

◎ **"图例"按钮**：单击该按钮，可在打开的列表中选择相应选项实现隐藏图例或将图例显示在指定位置的等操作。

◎ **"数据标签"按钮**：单击该按钮，可在打开的列表中选择相应选项实现在数据系列上隐藏与显示数据标签的操作。

◎ **"模拟运算表"按钮**：单击该按钮，可在打开的列表中选择相应选项实现在图表下方隐藏与显示模拟运算表的操作。

◎ **"坐标轴"按钮**：单击该按钮，可在打开的列表中选择相应选项实现隐藏与显示横坐标轴和纵坐标轴，以及设置不同单位的坐标轴等操作。

◎ **"网格线"按钮**：单击该按钮，可在打开的列表中选择相应选项实现隐藏与显示横网格线和纵网格线，以及显示主要网格线或次要网格线等操作。

◎ **"绘图区"按钮**：单击该按钮，可在打开的列表中选择相应选项实现隐藏与显示绘图区的操作，此按钮只对二维图表有作用。

◎ **"图表背景墙"按钮**：单击该按钮，可在打开的列表中选择相应选项实现隐藏与显示背景墙的操作。

◎ **"图表基底"按钮**：单击该按钮，可在打开的列表中选择相应选项实现隐藏与显示基底的操作。

8.2.4 设置图表格式

设置图表格式是指对图表中选择的某一对象的格式进行设置，其方法为：在图表中选择需设置格式的对象，或在"图表工具 布局"选项卡或【图表工具 格式】→【当前所选内容】组的"对象"下拉列表框中选择需设置格式的对象后，按设置文本、图形格式的方法，设置其字体、边框颜色、填充颜色等格式，如图8-21所示。

图8-21 设置数据系列格式

 操作技巧

在某个数据系列上单击鼠标可同时选择代表同类数据的所有数据系列，再次单击鼠标则可单独选择该数据系列，从而可对其格式进行单独设置。

8.2.5 课堂案例2——美化企业内部考核题型分布图

将表格中已创建的图表进行美化设置，主要包括样式、图表标题、图例、数据标签、字体等设置。图表美化前后的对比效果如图8-22所示。

素材所在位置 光盘:\素材文件\第8章\课堂案例2\题型分布表.xlsx
效果所在位置 光盘:\效果文件\第8章\课堂案例2\题型分布表.xlsx
视频演示 光盘:\视频文件\第8章\美化企业内部考核题型分布图.swf

图8-22 题型分布表"中饼图美化前后的对比效果

（1）打开素材文件"题型分布表.xlsx"，选择图表，在【图表工具 设计】→【图表样式】组的下拉列表框中选择如图8-23所示的样式选项。

（2）单击【图表工具 布局】→【标签】组中单击"图表标题"按钮，在打开的下拉列表中选择"图表上方"选项，如图8-24所示。

（3）拖曳鼠标选择图表中添加的图表标题内容，输入"企业内部考核题型分布图"，如图8-25所示。

图8-23　选择图表样式　　　　　　　　　图8-24　显示图表标题

（4）在【图表工具 布局】→【标签】组中单击"图例"按钮 ，在打开的下拉列表中选择
　　　"在顶部显示图例"选项，如图8-26所示。

图8-25　输入图表标题　　　　　　　　　图8-26　显示图例

（5）继续在"标签"组中单击"数据标签"按钮 ，在打开的下拉列表中选择"数据标签
　　　内"选项，如图8-27所示。

（6）在【图表工具 布局】→【当前所选内容】组的"对象"下拉列表框中选择"图表区"选
　　　项，如图8-28所示。

图8-27　显示数据标签　　　　　　　　　图8-28　选择图表区

（7）切换到【开始】→【字体】组，在"字体"下拉列表框中选择"微软雅黑"选项，完成
　　　对图表的美化设置，效果如图8-29所示。

图8-29　设置字体

Office 2010高级应用教程

职业素养　实际工作中需要利用图表来分析数据时，不能为了求快而不假思索地胡乱选择图表类型，应该首先考虑数据要分析的重点，如对比分析、趋势分析、比例分析等，然后再考虑应该使用哪种最恰当的图表类型进行创建，这样才能最大限度地发挥图表的功能和优势。

8.3　创建数据透视表和数据透视图

数据透视表是一种使用范围很广的分析性报告工具，它能对大量数据进行快速汇总和建立交叉列表，可以汇总、分析、浏览、提供摘要数据，同时还可以快速合并和比较分析大量的数据。而数据透视图则是图表化的数据透视表，它同样可以像数据透视表那样对数据进行分析，通过字段的设置同步显示对应的图表化对象。

8.3.1　创建数据透视表

创建数据透视表的方法为：在【插入】→【表格】组中单击"插入数据透视表"按钮 ，打开"创建数据透视表"对话框，在其中设置相应参数后单击 确定 按钮即可，如图8-30所示。

图8-30　设置数据透视表参数

8.3.2　利用数据透视表分析数据

数据透视表创建后只是一个显示空白内容的对象，要想使用它对数据进行分析，就需要在"数据透视表字段列表"窗格中通过字段的添加和设置来实现，如图8-31所示。下面介绍在该窗格中常见的几种操作方法。

◎ **添加字段**：将某个字段复选框拖曳到下方的列表框中即可，其中"报表筛选"列表框用来筛选数据透视表；"列标签"列表框将控制数据透视表的项目内容；"行标签"列表框将控制数据透视表的数据记录内容；"数值"列表框将控制各明细数据。

◎ **删除字段**：将已添加的字段从相应列表框中拖曳到窗格外部，或单击列表框中该字段右侧的按钮 ，在打开的下拉列表中选择"删除字段"选项。

图8-31　添加与设置字段

◎ **设置字段**：单击列表框中该字段右侧的按钮 ▾，在打开的列表中选择"字段设置"选项或"值字段设置"选项，在打开的对话框中可设置字段名称、汇总方式等。

知识提示 添加了字段的数据透视表中，可通过各字段右侧的下拉按钮对对应的数据进行排序和筛选，其方法与表格中数据的排序和筛选操作相同。

8.3.3 创建数据透视图

创建数据透视图时，会自动创建数据透视表，其方法为：在【插入】→【表格】组中单击"插入数据透视表"按钮下方的按钮，在打开的下拉列表中选择"数据透视图"选项，在打开的对话框中设置数据区域和创建位置，单击 确定 按钮，然后在"数据透视表字段列表"中添加并设置字段即可，如图8-32所示。

图8-32 创建的数据透视图效果

知识提示 无论数据透视表还是数据透视图，创建后都可进行美化，具体操作与美化普通表格和图表的方法类似。

8.3.4 添加趋势线分析数据

趋势线是一种以线段的形式显示图表中某个数据系列变化趋势的对象，它不仅可在数据透视图中使用，也可在一般的图表中使用，其方法为：选择数据透视图，在【数据透视图工具布局】→【分析】组中单击"趋势线"按钮，在打开的下拉列表中选择某种趋势线类型对应的选项即可，如图8-33所示。

图8-33 在数据透视图中添加趋势线

操作技巧　　　在添加的趋势线上双击鼠标，可在打开的对话框中更改趋势线的类型、设置趋势线的计算方式、是否显示公式，以及设置趋势线格式等。

8.3.5　课堂案例3——创建产品产量趋势图

根据产品产量表创建数据透视图，在数据透视表中筛选出负责人为"孙伟"的各月份产品有效产量，然后在数据透视图中筛选孙伟负责的上半年产品有效产量，并添加趋势线查看产量趋势。产品产量表和产量趋势图的效果如图8-34所示。

素材所在位置　　光盘:\素材文件\第8章\课堂案例3\产品产量表.xlsx
效果所在位置　　光盘:\效果文件\第8章\课堂案例3\产品产量表.xlsx
视频演示　　　　光盘:\视频文件\第8章\创建产品产量趋势图.swf

图8-34　产品产量表和产量趋势图的参考效果

（1）打开素材文件"产品产量表.xlsx"，选择A3单元格，在【插入】→【表格】组中单击"数据透视表"按钮下方的按钮，在打开的下拉列表中选择"数据透视图"选项，如图8-35所示。

（2）打开"创建数据透视表及数据透视图"对话框，默认其中的数据区域和创建位置，单击　确定　按钮，如图8-36所示。

图8-35　创建数据透视图　　　　　　图8-36　设置数据区域和创建位置

（3）同时创建空白的数据透视表和数据透视图，在"数据透视表字段列表"窗格中依次将"负责人"字段、"月份"字段、"有效产量"字段添加到"报表筛选"列表框、"轴字段（分类）"列表框、"数值"列表框中，如图8-37所示。

（4）在数据透视表的"负责人"字段右侧单击按钮 ，在打开的下拉列表中选择"孙伟"选项，单击　确定　按钮，如图8-38所示。

图8-37　添加字段

图8-38　筛选字段

（5）此时数据透视表中将只显示由孙伟负责的各月份产品的有效产量数据，如图8-39所示。

（6）在数据透视图中选择图例和图表标题，按【Delete】键将其删除，如图8-40所示。

图8-39　筛选结果

图8-40　删除图例和图表标题

（7）单击数据透视图左下角的 月份▼ 按钮，在打开的下拉列表中仅单击选择1月ˉ6月对应的复选框，单击 确定 按钮，如图8-41所示。

（8）在【数据透视图工具 布局】→【分析】组中单击"趋势线"按钮，在打开的下拉列表中选择"线性趋势线"选项，如图8-42所示。

图8-41　筛选字段

图8-42　添加趋势线

（9）选择添加的趋势线，在【数据透视图工具 格式】→【形状样式】组的下拉列表框中选择如图8-43所示的样式选项，完成操作，保存表格数据即可。

图8-43　设置趋势线格式

8.4 课堂练习

本次课堂练习将通过创建条形图和数据透视表进一步巩固图表和数据透视表的创建、设置、美化等操作。

8.4.1 创建原材料保有量与库存量条形图

1. 练习目标

本练习的目标是利用已有数据创建原材料保有量与库存量的条形图，以通过图表查看库存量与保有量的实际数据，从而决定采购量的多少。本练习完成后的参考效果如图8-44所示。

图8-44 "材料采购表"中原材料保有量与库存量条形图的参考效果

素材所在位置	光盘:\素材文件\第8章\课堂练习\材料采购表.xlsx
效果所在位置	光盘:\效果文件\第8章\课堂练习\材料采购表.xlsx
视频演示	光盘:\视频文件\第8章\创建原材料保有量与库存量条形图.swf

2. 操作思路

本练习的操作思路主要包括图表数据区域的选择、图表布局的应用以及图表的美化等，如图8-45所示。

① 选择数据区域　　　　　② 创建条形图　　　　　③ 美化图表

图8-45 原材料库存量与保有量条形图的创建思路

（1）打开素材文件"材料采购表.xlsx"，利用【Ctrl】键选择不连续的两个单元格区域，包括品名、库存量、保有量3个项目，然后创建二维簇状条形图。

（2）为图表应用"布局4"效果。

（3）美化图表。设置图表标题字体为"微软雅黑"，除图例外所有字体加粗显示，数据标签字号调整为"8"，并显示在数据系列内部。保有量和库存量的数据系列分别应用第2列的第4种和第2种样式，将库存量最低的数据系列应用第3列最后一种样式以突出显示。

8.4.2 创建库存盘点数据透视表

1. 练习目标

本练习的目标是通过创建的数据透视表灵活查看不同规格产品的月末库存数和月末盘点数的差异，其参考效果如图8-46所示。

图8-46 "库存盘点表"中创建的数据透视表的参考效果

素材所在位置	光盘:\素材文件\第8章\课堂练习\库存盘点表.xlsx
效果所在位置	光盘:\效果文件\第8章\课堂练习\库存盘点表.xlsx
视频演示	光盘:\视频文件\第8章\创建库存盘点数据透视表.swf

2. 操作思路

完成本练习首先应创建数据透视表，然后添加字段，并通过筛选字段来达到分析数据的目的，其操作思路如图8-47所示。

① 创建数据透视表

② 添加字段

③ 筛选字段

图8-47 "库存盘点表"中数据透视表的创建与使用思路

（1）打开素材文件"库存盘点表.xlsx"，选择A2:G20单元格区域，创建数据透视表，位置为新工作表。

（2）将"规格"字段添加到"报表筛选"列表框、"产品名称"字段添加到"行标签"列表框、"月末库存数"字段和"月末盘点数"字段添加到"数值"列表框。

（3）为数据透视表应用倒数第二行第五种样式。

（4）通过筛选规格中的不同选项，分别查看各规格产品的库存数和盘点数是否一致。

8.5 拓展知识

迷你图是Excel 2010中的一个新功能，它是工作表单元格中的一个微型图表，可以直观地显示一系列数值的趋势或突出显示最大值和最小值，当数据发生变化时，迷你图也会同步改变。使用迷你图的具体操作如下。

（1）选择保存迷你图的单元格，在【插入】→【迷你图】组中单击某种类型的迷你图对应的按钮。

（2）打开"创建迷你图"对话框，在"数据范围"文本框中指定参与创建迷你图的数据区域。

（3）确定后拖动填充柄，按填充数据的方法将迷你图填充到其他数据记录上即可，如图8-48所示。

第1季度	第2季度	第3季度	第4季度	各季度销量趋势
727.60	952.30	781.10	567.10	
791.80	856.00	631.30	535.00	
1027.20	781.10	995.10	545.70	
652.70	877.40	535.00	738.30	
706.20	684.80	631.30	856.00	
642.00	920.20	1070.00	535.00	
877.40	1059.30	716.90	770.40	
716.90	823.90	716.90	1016.50	
973.70	1005.80	984.40	738.30	
695.50	556.40	770.40	1059.30	
674.10	674.10	556.40	834.60	
770.40	535.00	909.50	995.10	
535.00	1059.30	770.40	952.30	

图8-48 迷你图在单元格中的显示效果

8.6 课后习题

（1）打开"课程安排表.xlsx"工作簿，在其中创建饼图以查看各培训课程所占据的百分比大小。

素材所在位置	光盘:\素材文件\第8章\课后习题\课程安排表.xlsx
效果所在位置	光盘:\效果文件\第8章\课后习题\课程安排表.xlsx
视频演示	光盘:\视频文件\第8章\创建培训课程百分比图.swf

提示： 创建分离型三维饼图，应用"布局1"效果后修改图表标题内容。将饼图的大小调整到图表区中所能容纳的最大尺寸，为饼图应用"样式42"的效果。为所有文本应用"微软雅黑"字体，然后单独将数据标签字体加粗，并手动拖动各数据标签到对应的数据系列内部。最后为图表区填充"白色，背景1，深色50%"的颜色。设置后的参考效果如图8-49所示。

（2）打开"超市统计表.xlsx"工作簿，创建数据透视表分析所有不同产地和所有产品的价格。

素材所在位置	光盘:\素材文件\第8章\课后习题\超市统计表.xlsx
效果所在位置	光盘:\效果文件\第8章\课后习题\超市统计表.xlsx
视频演示	光盘:\视频文件\第8章\筛选并分析超市统计表.swf

提示： 在新工作表中创建数据透视表，将"产地"字段添加到"报表筛选"列表框、"商品名称"字段添加到"行标签"列表框、"原价"字段和"现价"字段添加到"数值"列表框。通过筛选产地字段分别查看不同产品的原价和现价情况。重新显示所有产品信息，将"现价"字段的汇总方式设置为"平均值"，查看所有产品的现价平均值数据，参考效果如图8-50所示。

图8-49 培训课程百分比图的参考效果

	A	B	C
1	产地	(全部)	
2			
3	行标签	求和项:原价	平均值项:现价
4	抽纸	3.8	2
5	肥皂	2.5	1.65
6	沐浴露	20.5	18.3
7	沐浴乳	23.3	20
8	双人牙刷	9.8	6.5
9	洗发水	19.8	19
10	洗手液	19.8	15
11	香皂	1.5	1
12	牙膏	3.5	2
13	总计	104.5	9.494444444

图8-50 超市统计表中数据透视表的参考效果

第 9 章

管理与编辑幻灯片

PowerPoint 2010是Office 2010中又一个重要的组件，该组件生成的文件叫做演示文稿，而演示文稿是由若干张幻灯片组成的，通过对幻灯片进行编辑便可创建出形象生动、图文并茂，且具有动态效果的对象，是企业和公司越来越重视的必备办公软件。本章将首先对PowerPoint 2010的操作界面进行介绍，然后重点讲解幻灯片的基本操作和美化演示文稿的方法。

 学习要点

- ◎ 认识PowerPoint 2010的操作界面
- ◎ 演示文稿的基本操作
- ◎ 幻灯片的基本操作
- ◎ 演示文稿的美化

 学习目标

- ◎ 了解PowerPoint 2010操作界面的组成和作用
- ◎ 了解演示文稿的创建、保存、打开、关闭操作
- ◎ 掌握幻灯片的添加、应用版式、选择、移动、复制、删除等操作
- ◎ 熟悉设置演示文稿主题、幻灯片背景、幻灯片母版的方法

9.1 演示文稿基本操作

掌握演示文稿的操作可以更好地管理制作出的各种幻灯片文件，下面将首先来认识PowerPoint 2010操作界面的组成，并学习演示文稿的各种基本管理操作。

9.1.1 认识PowerPoint 2010操作界面

按启动Word 2010或Excel 2010的方法即可启动PowerPoint 2010，其操作界面的总体布局也与二者相似，主要包括标题栏、功能区、"幻灯片/大纲"窗格、幻灯片编辑区、备注区、状态栏等，如图9-1所示。下面主要对其特有的一些组成部分进行讲解。

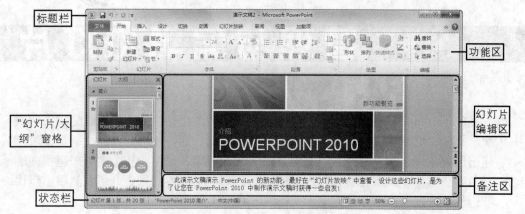

图9-1　PowerPoint 2010的操作界面组成

1．"幻灯片/大纲"窗格

"幻灯片/大纲"窗格主要用于显示演示文稿中幻灯片的数量和详细内容，通过它可以更加方便地掌握演示文稿的结构。PowerPoint默认显示的是"幻灯片"窗格，其中显示了整个演示文稿中幻灯片的编号和缩略图，在其中可对幻灯片进行管理；单击"大纲"选项卡则可切换至"大纲"窗格，在其中可以查看演示文稿中各张幻灯片的详细内容，并能编辑内容。图9-2所示分别为"幻灯片"窗格和"大纲"窗格的显示效果。

图9-2　"幻灯片/大纲"窗格的显示内容

2．幻灯片编辑区

幻灯片编辑区是制作演示文稿的主要操作平台，在其中可以实现添加文本、插入图形图像、添加动画效果等各种操作。在"幻灯片"窗格或"大纲"窗格中选择任意一张幻灯片缩略图后，该幻灯片的内容便将显示在幻灯片编辑区中。

3．备注区

备注区主要用于对当前幻灯片的作用、特征、内容等进行补充说明。添加备注的方法很简单，在幻灯片编辑区中显示需添加备注的幻灯片，然后在备注区中输入备注内容即可。拖曳幻灯片编辑区和备注区之间的分隔线，可控制备注区的大小，如图9-3所示。

图9-3　调整备注区大小

9.1.2　管理演示文稿

演示文稿相当于Word中的文档或Excel中的工作簿这一概念。其新建、打开、保存、关闭等操作均与Word文档或Excel工作簿的相应操作相同，下面简要进行介绍。

1.　新建空白演示文稿

启动PowerPoint 2010后，会自动新建一个名为"演示文稿1"的空白演示文稿。除此之外，可通过以下任意操作手动新建空白演示文稿。

◎ **通过"新建"菜单新建**：选择【文件】→【新建】菜单命令，在界面右侧选择"空白演示文稿"选项，然后单击"创建"按钮，或直接双击"空白文档"选项。

◎ **通过快速访问工具栏新建**：单击快速访问工具栏中的"新建"按钮。

◎ **通过快捷键新建**：按【Ctrl+N】组合键。

2.　通过模板创建演示文稿

为提高工作效率，可根据PowerPoint提供的模板来新建演示文稿，其方法为：选择【文件】→【新建】命令，在界面右侧选择"样本模板"选项，在下方的列表框中选择某种模板，如"培训"选项，单击"创建"按钮即可，如图9-4所示。

图9-4　根据"培训"模板创建演示文稿

3.　保存演示文稿

保存新建的演示文稿的方法主要有以下几种。

◎ **通过"文件"菜单保存**：选择【文件】→【保存】菜单命令。

◎ **通过快速访问工具栏保存**：单击快速访问工具栏中的"保存"按钮▣。

◎ **通过快捷键保存**：按【Ctrl+S】组合键。

执行以上任意操作后，都将打开"另存为"对话框，通过双击右侧列表框中的文件夹来设置上方"路径"下拉列表框的保存位置，在"文件名"下拉列表框中可设置演示文稿保存的名称，完成后单击 保存(S) 按钮，如图9-5所示。

图9-5　设置演示文稿的保存位置和名称

知识提示　　　如果演示文稿已经保存过，再执行保存操作后就不会打开"另存为"对话框，而是直接替换之前保存的内容。另外，选择【文件】→【另存为】菜单命令，在打开的"另存为"对话框中可对演示文稿进行另存为操作。

4. 打开演示文稿

打开演示文稿有以下几种常用方法。

◎ **通过"文件"选项卡保存**：选择【文件】→【打开】菜单命令。

◎ **通过快速访问工具栏保存**：单击快速访问工具栏中的"打开"按钮▣。

◎ **通过快捷键保存**：按【Ctrl+O】组合键。

执行以上任意操作后，都将打开"打开"对话框，在其中找到演示文稿的保存位置，双击该演示文稿或选择演示文稿后单击 打开(O) ▾按钮即可，如图9-6所示。

图9-6　选择并打开演示文稿

5. 关闭演示文稿

关闭演示文稿是指在不退出PowerPoint 2010的前提下，关闭当前正在编辑的对象。其方法为：选择【文件】→【关闭】菜单命令。

9.1.3 课堂案例1——创建宣传手册样本演示文稿

根据"宣传手册"模板新建演示文稿，然后将其以"宣传手册样本"为名保存在桌面上。

效果所在位置　光盘:\效果文件\第9章\课堂案例1\宣传手册样本.pptx
视频演示　　　光盘:\视频文件\第9章\创建宣传手册样本演示文稿.swf

（1）启动PowerPoint 2010，选择【文件】→【关闭】菜单命令，如图9-7所示。
（2）选择【文件】→【新建】菜单命令，在界面右侧选择"样本模板"选项，如图9-8所示。

图9-7　关闭演示文稿

图9-8　新建演示文稿

（3）在界面中间的列表框中选择"宣传手册"选项，单击"创建"按钮，如图9-9所示。
（4）创建演示文稿后，在快速访问工具栏中单击"保存"按钮，如图9-10所示。

图9-9　选择模板

图9-10　保存演示文稿

（5）打开"另存为"对话框，在左侧列表框中选择"桌面"选项，在"文件名"下拉列表框中输入"宣传手册样本.pptx"，单击 保存(S) 按钮完成操作，如图9-11所示。

图9-11　设置保存位置和名称

9.2 幻灯片的基本操作

一个完整的演示文稿通常都是由多张幻灯片组成的。在制作演示文稿的过程中不可避免地需要对幻灯片进行操作，如添加幻灯片、应用幻灯片版式、选择幻灯片、移动和复制幻灯片，以及删除幻灯片等，通过这些操作来确定演示文稿的整体框架，然后再陆续在幻灯片中添加需要的内容。下面就对幻灯片的各种基本操作进行详细介绍。

9.2.1 添加幻灯片

添加幻灯片的常用方法有以下几种。

◎ **通过按钮添加**：在"幻灯片/大纲"窗格中选择某张幻灯片的缩略图，现在【开始】→【幻灯片】组中单击"新建幻灯片"按钮，可在所选幻灯片后添加一张幻灯片。

◎ **通过快捷菜单添加**：在"幻灯片"窗格的某张幻灯片缩略图上单击鼠标右键，或在"大纲"窗格的某张幻灯片缩略图右侧的文本插入点处单击鼠标右键，在打开的快捷菜单中选择"新建幻灯片"选项，可在当前幻灯片后添加一张幻灯片。

◎ **通过快捷键添加**：在"幻灯片"窗格中选择某张幻灯片的缩略图，按【Enter】键或【Ctrl+M】组合键，可在所选幻灯片后添加一张幻灯片。在"大纲"窗格中则只能按【Ctrl+M】组合键来添加幻灯片。

知识提示　在"开始"选项卡"幻灯片"组中单击"新建幻灯片"按钮下方的按钮，可在打开的下拉列表中选择某种幻灯片版式选项，使添加的幻灯片具有该版式效果。

9.2.2 应用幻灯片版式

幻灯片版式是指由特定的占位符组成的各种样式，在占位符中可输入文本或插入各种对象。通常情况下新建的幻灯片都是上方标题、下方文本的版式，如果需要更改幻灯片版式，可选择需要更改版式的幻灯片，在【开始】→【幻灯片】组中单击版式·按钮，在打开的下拉列表中选择需要的版式选项即可，如图9-12所示。

图9-12　更改幻灯片版式

操作技巧　在"幻灯片"窗格的某张幻灯片缩略图上单击鼠标右键，在打开的快捷菜单中选择"版式"选项，在打开的子菜单中选择某种命令也可更改当前幻灯片的版式。

9.2.3 选择幻灯片

在"幻灯片/大纲"窗格中单击某个幻灯片缩略图可选择该张幻灯片，除此以外，还可通过以下几种方法来选择幻灯片。

◎ **选择连续的多张幻灯片**：选择第一张幻灯片后，按住【Shift】键不放选择最后一张幻灯片，此时可同时选择这两张幻灯片及其之间相邻的所有幻灯片。

◎ **选择不连续的多张幻灯片**：选择第一张幻灯片后，按住【Ctrl】键不放，依次单击其他需选择的幻灯片缩略图即可。

◎ **选择所有幻灯片**：在"幻灯片/大纲"窗格中单击鼠标激活该区域，按【Ctrl+A】组合键即可。如果当前激活的区域是幻灯片编辑区，则此操作将选择当前幻灯片中的所有对象。

9.2.4 移动幻灯片

移动幻灯片即更改幻灯片在演示文稿中的位置，其方法为：在"幻灯片/大纲"窗格中，拖曳某张幻灯片缩略图，当蓝色插入线出现在所需的目标位置时，释放鼠标即可，如图9-13所示。

图9-13　移动幻灯片的过程

如果演示文稿中的幻灯片数量较多，通过拖曳的方法移动幻灯片就显得不太方便，此时可采用以下任意一种操作来完成幻灯片的移动。

◎ **通过按钮移动**：在"幻灯片/大纲"窗格中选择某张幻灯片的缩略图，在【开始】→【幻灯片】组中单击 剪切 按钮，选择目标幻灯片缩略图，在【开始】→【幻灯片】组中单击"粘贴"按钮 ，幻灯片将移动到所选幻灯片下方。

◎ **通过快捷菜单移动**：在"幻灯片/大纲"窗格中的某张幻灯片缩略图上单击鼠标右键，在打开的快捷菜单中选择"剪切"选项，在目标幻灯片缩略图单击鼠标右键，在打开的快捷菜单中单击"粘贴选项"栏中的"保留源格式"按钮 ，幻灯片将移动到所选幻灯片下方。

◎ **通过快捷键移动**：在"幻灯片/大纲"窗格中选择某张幻灯片的缩略图，按【Ctrl+X】组合键，选择目标幻灯片缩略图，按【Ctrl+V】组合键，幻灯片将移动到所选幻灯片下方。

9.2.5 复制幻灯片

复制幻灯片与移动幻灯片的操作类似，其方法有如下几种。

◎ **通过按钮移动**：在"幻灯片/大纲"窗格中选择某张幻灯片的缩略图，在【开始】→【幻灯片】组中单击 复制 按钮，选择目标幻灯片缩略图，在【开始】→【幻灯片】组中单击"粘贴"按钮 ，幻灯片将复制到所选幻灯片下方。

◎ **通过快捷菜单移动**：在"幻灯片/大纲"窗格中的某张幻灯片缩略图上单击鼠标右键，在打开的快捷菜单中选择"复制"选项，在目标幻灯片缩略图单击鼠标右键，在打开的快捷菜单中单击"粘贴选项"栏中的"保留源格式"按钮 ，幻灯片将复制到所选幻灯片下方。

◎ **通过快捷键移动**：在"幻灯片/大纲"窗格中选择某张幻灯片的缩略图，按【Ctrl+C】组合键，选择目标幻灯片缩略图，按【Ctrl+V】组合键，幻灯片将复制到所选幻灯片下方。

操作技巧　选择某张幻灯片缩略图后，在"开始"选项卡"幻灯片"组中单击 复制 按钮右侧的按钮，在打开的下拉列表中选择第二个"复制"选项，或按【Ctrl+D】组合键，或在该幻灯片缩略图上单击鼠标右键，在打开的快捷菜单中选择"复制幻灯片"选项，可快速复制所选幻灯片，并放置在当前幻灯片下方。

9.2.6 删除幻灯片

要想删除演示文稿中无用的幻灯片，可在"幻灯片/大纲"窗格中选择该幻灯片缩略图，按【Delete】键，或按【BackSpace】键，或在该缩略图上单击鼠标右键，在打开的快捷菜单中选择"删除幻灯片"选项。

9.2.7 课堂案例2——调整营销计划演示文稿中的幻灯片

打开营销计划演示文稿，通过选择、移动、删除幻灯片，以及为幻灯片应用版式等操作，调整该演示文稿的幻灯片结构，完成后的部分幻灯片效果如图9-14所示。

素材所在位置　光盘:\素材文件\第9章\课堂案例2\营销计划.pptx
效果所在位置　光盘:\效果文件\第9章\课堂案例2\营销计划.pptx
视频演示　　　光盘:\视频文件\第9章\调整营销计划演示文稿中的幻灯片.swf

市场概述

□市场：过去、现在与未来
　□审阅市场份额、领导地位、商家、市场动向、成本、
　　定价、竞争方面的变化

产品定义

□说明上市的产品或服务

营销计划

图9-14　营销计划演示文稿中部分幻灯片的参考效果

（1）双击素材文件"营销计划.pptx"，启动PowerPoint 2010并打开该演示文稿，将幻灯片2拖曳到幻灯片1上方，如图9-15所示。
（2）选择幻灯片3，在【开始】→【幻灯片】组单击版式按钮，在打开的下拉列表中选择"标题和文本"选项，如图9-16所示。

图9-15　移动幻灯片

图9-16　应用幻灯片版式

（3）选择幻灯片11，如图9-17所示，按【Delete】键将其删除。
（4）保持幻灯片10的选择状态，按住【Ctrl】键的同时，依次选择幻灯片7和幻灯片8，如图9-18所示。

图9-17　删除幻灯片

图9-18　选择不连续的多张幻灯片

（5）在【开始】→【幻灯片】组中单击版式按钮，在打开的下拉列表中选择"标题和两栏内容"选项，完成操作，效果如图9-19所示。

图9-19　应用幻灯片版式

9.3 美化演示文稿

美化演示文稿是指对演示文稿整体的格式和效果进行统一设置，使所有幻灯片都具有相同的样式。这样不仅可以提高效率，而且也能专注于幻灯片内容的输入。

9.3.1 设置演示文稿主题效果

为演示文稿设置主题效果后，可使每张幻灯片自动应用背景颜色、字体、形状效果等样式。添加新的幻灯片时，新幻灯片也会自动应用效果。即应用了主题后，再手动美化幻灯片。

1. 应用主题样式

应用主题样式的方法为：打开演示文稿，在【设计】→【主题】组的"样式"下拉列表框中选择所需的主题样式即可，如图9-20所示。

图9-20 应用主题样式的过程

2. 调整主题样式

应用主题样式后，可对其中的部分内容进行调整，如颜色、字体、效果等，以使样式更符合实际需求。

◎ **调整颜色**：颜色包括幻灯片背景颜色、字体颜色、各种图形图像对象的颜色等，在"设计"选项卡"主题"组中单击■颜色·按钮，在打开的下拉列表中即可选择某种预设的颜色效果。

◎ **调整字体**：颜色包括中文字体、英文字体、标题字体、正文字体等，在【设计】→【主题】组中单击文字体·按钮，在打开的下拉列表中即可选择某种预设的字体效果。

◎ **调整效果**：效果主要针对图形、文本框、图片等对象，在【设计】→【主题】组中单击◯效果·按钮，在打开的下拉列表中即可选择某种预设的效果。

知识提示　　单击■颜色·按钮，在打开的下拉列表中选择"新建主题颜色"选项，可在打开的对话框中自定义各种主题对象的颜色，包括文字颜色、背景颜色、强调文字颜色、超链接颜色等；单击文字体·按钮，在打开的下拉列表中选择"新建主题字体"选项，则可在打开的对话框中自定义主题中各种文字的字体样式。

9.3.2 设置幻灯片背景

幻灯片背景是指幻灯片中除占位符、文本框、图形图像等各种对象以外的区域，在PowerPoint中可根据实际需求，随时对幻灯片背景进行设置，具体包括直接应用背景样式和自定义背景等操作。

1. 应用背景样式

PowerPoint提供了多个背景样式供用户快速使用，其方法为：选择需应用背景样式的幻灯片，在【设计】→【背景】组中单击 背景样式·按钮，在打开的下拉列表中选择需要使用的样式选项，如图9-21所示。

图9-21 更改幻灯片背景样式的过程

2. 自定义幻灯片背景

除应用背景样式外，还可自行设计幻灯片背景，并可选择应用于当前幻灯片或演示文稿中的所有幻灯片。在【设计】→【背景】组中单击 背景样式·按钮，在打开的下拉列表中选择"设置背景格式"选项，可打开"设置背景格式"对话框，如图9-22所示，在其中即可根据需要自行设置幻灯片背景。

图9-22 设置幻灯片背景

9.3.3 设置幻灯片母版

幻灯片母版的作用是统一和存储幻灯片的模板信息，在对模板信息进行加工之后，可快速生成相同样式的幻灯片，从而减少重复设置，提高工作效率。幻灯片母版的功能和Word中的模板有些相似之处，通常情况下，如果要将同一背景、标志、标题文本及主要文本格式运用到整篇文稿的每张幻灯片中，就可以使用PowerPoint的幻灯片母版功能。

1. 查看母版的类型

PowerPoint 2010中的母版有3种类型，它们分别是幻灯片母版、讲义母版、备注母版，其作用和视图各不相同。

◎ **幻灯片母版**：在【视图】→【母版视图】组中单击"幻灯片母版"按钮 即可进入幻灯片母版状态，如图9-23所示。此时在左侧的"幻灯片"窗格中将显示当前主题的演示文稿中包含的各种版式幻灯片，选择某个幻灯片后，便可对其内容和格式进行编辑，当在普通视图中插入该版式的幻灯片后，便能自动应用设置的内容和格式。

图9-23 幻灯片母版视图

◎ **讲义母版**：在【视图】→【母版视图】组中中单击"讲义母版"按钮 即可进入讲义母版状态，如图9-24所示。在讲义母版中可查看一页纸张里显示的多张幻灯片，也可设置页眉和页脚的内容并调整其位置，以及改变幻灯片的放置方向等。当需要将幻灯片作为讲义稿打印装订成册时，就可以使用讲义母版视图将其打印出来。

图9-24 讲义母版视图

◎ **备注母版**：在【视图】→【母版视图】组中单击"备注母版"按钮 即可进入备注母版状态，如图9-25所示。通常需要查看幻灯片内容时，需要将幻灯片和备注显示在同一页面中，就可以在备注母版视图中进行查看。

图9-25　备注母版视图

2. 编辑母版

编辑幻灯片母版的方法与编辑普通幻灯片的方法相同，首先进入到所需的母版视图中，对母版的内容和格式进行设置后，单击相应母版选项卡中的"关闭母版视图"按钮 ，即可退出母版编辑状态，完成对母版的编辑操作。

9.3.4 课堂案例3——美化公司简介演示文稿

为公司简介演示文稿设置主题样式，然后调整所有幻灯片的背景效果，最后在幻灯片母版中为所有幻灯片添加公司名称和日期，完成后的部分幻灯片效果如图9-26所示。

素材所在位置	光盘:\素材文件\第9章\课堂案例3\公司简介.pptx
效果所在位置	光盘:\效果文件\第9章\课堂案例3\公司简介.pptx
视频演示	光盘:\视频文件\第9章\美化公司简介演示文稿.swf

图9-26　公司简介演示文稿中部分幻灯片的参考效果

（1）打开素材文件"公司简介.pptx"，在"设计"选项卡"主题"组的"样式"下拉列表框中选择"内置"栏中的"穿越"主题样式选项，如图9-27所示。

（7）打开"日期和时间"对话框，在"可用格式"列表框中选择第三种格式选项，单击
　　　确定　按钮，如图9-33所示。

（8）在【幻灯片母版】→【关闭】组中单击"关闭母版视图"按钮▨退出母版编辑状态，保
　　存演示文稿完成操作，如图9-34所示。

图9-33　选择日期格式　　　　　　　　　　　图9-34　退出母版编辑状态

职业素养

　　在商务活动中，制作演示文稿通常是为了追求简洁明朗的表达效果，以便有效辅助沟通。换句话说，演示文稿只是辅助演讲者说明某个问题的工具，因此其特性就是简明扼要。如果在其中书写长篇文字报告，绘制复杂表格，不仅制作过程痛苦，而且演讲者和观众也很难看懂具体的内容。

9.4 课堂练习

　　本次课堂练习将通过创建古典型相册演示文稿和美化赏罚制度演示文稿为例，熟悉并掌握演示文稿的操作、幻灯片的基本管理操作，以及演示文稿的各种美化设置等内容。

9.4.1 创建并调整古典型相册演示文稿

1. 练习目标

　　本练习的目标是通过模板创建古典型相册演示文稿，然后通过对幻灯片的删除、复制、添加，以及幻灯片版式的更改等操作调整演示文稿内容，最后保存演示文稿。本练习完成后的部分参考效果如图9-35所示。

图9-35　古典型相册演示文稿的部分参考效果

效果所在位置　光盘:\效果文件\第9章\课堂练习\古典型相册.pptx
视频演示　　　光盘:\视频文件\第9章\创建并调整古典型相册演示文稿.swf

2. 操作思路

本练习的操作思路主要包括演示文稿的创建、幻灯片及版式的管理、演示文稿的保存等，具体操作思路如图9-36所示。

① 根据模板新建演示文稿　　② 调整幻灯片及版式　　③ 保存演示文稿

图9-36　古典型相册演示文稿的创建思路

（1）启动PowerPoint 2010，选择【文件】→【新建】选项，创建"古典型相册"样本模板的演示文稿。

（2）按【Ctrl】键的同时选择幻灯片4和幻灯片7，将其删除。

（3）按【Shift】键的同时选择幻灯片2~幻灯片5，利用快捷键复制所选4张幻灯片。

（4）在幻灯片9后面新建一张版式为"2混向栏（带标题）"的幻灯片。

（5）将幻灯片9的版式更改为"3横栏（带标题）"版式。

（6）将演示文稿以"古典型相册"为名保存在桌面。

9.4.2　美化赏罚制度演示文稿

1. 练习目标

本练习的目标是通过应用并设置主题样式、应用幻灯片背景格式、编辑幻灯片母版等操作，美化提供的赏罚制度演示文稿，完成后的部分参考效果如图9-37所示。

图9-37　赏罚制度演示文稿的参考效果

素材所在位置	光盘:\素材文件\第9章\课堂练习\赏罚制度.pptx	
效果所在位置	光盘:\效果文件\第9章\课堂练习\赏罚制度.pptx	
视频演示	光盘:\视频文件\第9章\美化赏罚制度演示文稿.swf	

2. 操作思路

本练习首先需要为演示文稿应用并设置主题样式，然后为所有幻灯片应用幻灯片背景格式，最后在幻灯片母版状态下编辑页脚内容，具体操作思路如图9-38所示。

① 应用主题　　　　② 应用幻灯片背景　　　　③ 编辑幻灯片母版

图9-38　赏罚制度演示文稿的操作思路

（1）打开素材文件"赏罚制度.pptx"，为演示文稿应用"华丽"主题样式，然后更改颜色样式为"基本"、字体样式为"纸张"。

（2）为幻灯片应用"样式10"的背景格式。

（3）进入幻灯片母版编辑状态，在除幻灯片1以外的所有幻灯片底部添加公司名称和日期，其中公司名称为"A科技有限责任公司"，日期格式为"2015年1月1日"。

9.5 拓展知识

自定义幻灯片背景时有许多可选操作进行设置，下面重点介绍进行渐变填充的方法。利用"设置背景格式"选项打开"设置背景格式"对话框后，单击选择"渐变填充"单选项，便可利用其中的参数进行渐变设置，如图9-39所示。其中部分参数的作用分别如下。

◎ "预设颜色"按钮：设置渐变样式。

◎ "类型"下拉列表框：设置渐变方式，包括线性、射线、矩形等类型。

◎ "方向"按钮：设置渐变颜色的方向。

◎ "角度"数值框：设置渐变颜色的显示角度。

◎ "渐变光圈"栏：单击选择某个光圈后，可利用下方的各种参数设置该光圈的颜色、位置、亮度、透明度；直接拖动滑块可快速改变光圈设置；利用光圈栏右侧的两个按钮可实现光圈的添加和删除等操作。

图9-39　渐变填充的参数

9.6 课后习题

（1）创建都市相册演示文稿，调整其中的幻灯片和版式，为其应用"时装设计"主题样式，最后保存演示文稿。

效果所在位置	光盘:\效果文件\第9章\课后习题\都市相册.pptx
视频演示	光盘:\视频文件\第9章\创建都市相册演示文稿.swf

提示： 调整幻灯片的步骤包括：同时删除幻灯片3、5、7、9、13、14；将幻灯片8移到幻灯片3前面；将幻灯片2的版式调整为"图片和标题"样式；在幻灯片8后面新建"相册封面"版式的幻灯片。创建并设置后的参考效果如图9-40所示。

图9-40　都市相册演示文稿的部分参考效果

（2）打开素材文件"投标方案.pptx"演示文稿，为其样式和内容进行美化设置。设置后的部分参考效果如图9-41所示。

素材所在位置	光盘:\素材文件\第9章\课后习题\投标方案.pptx
效果所在位置	光盘:\效果文件\第9章\课后习题\投标方案.pptx
视频演示	光盘:\视频文件\第9章\美化并设置投标方案演示文稿.swf

提示： 应用"角度"主题，然后将字体样式更改为"暗香扑鼻"。在所有幻灯片中显示编号，其方法为：进入幻灯片母版，插入"日期和时间"，在对话框中单击选择"幻灯片编号"复选框，应用于所有幻灯片。最后为所有幻灯片背景设置渐变颜色，类型设置为"线性"、角度设置为"145°"，渐变光圈从左至右设置为"红色、橙色、黄色"。

图9-41　投标方案演示文稿的部分参考效果

第10章

在幻灯片中使用各种对象

　　本章将主要讲解在幻灯片中输入、添加、设置各种对象的方法，包括输入与设置文本、插入各种图形对象、插入声音和影片等知识。通过相关知识点的学习和3个课堂案例的制作，可以掌握输入与设置文本格式的方法，以及如何在幻灯片中插入表格、图片、剪贴画、SmartArt、图表、声音、影片等对象。

学习要点

◎　输入与设置文本

◎　插入表格和图形对象

◎　插入声音和影片

学习目标

◎　掌握在幻灯片中输入文本、设置文本格式的方法

◎　熟悉在幻灯片中插入与设置各种图形对象的操作

◎　了解声音和影片在幻灯片中的应用

10.1 输入与设置文本

制作和编辑幻灯片的操作中离不开文本的输入与编辑。实际上在幻灯片中选择、改写、移动、复制文本的方法与在Word文档中的操作基本相同，下面主要介绍在幻灯片中输入文本和设置文本格式的内容。

10.1.1 输入文本

在幻灯片中输入文本的方法与Word中输入文本的方法不太一样，主要包括在占位符中输入文本、通过文本框输入文本和通过"大纲"窗格输入文本几种方式。

1. 在占位符中输入文本

在幻灯片中常常会看到包含"单击此处添加标题"和"单击此处添加文本"等文字的虚线框，它们被称为"占位符"，如图10-1所示。这些占位符可以分为以下两种。

◎ **文本占位符**：用于放置标题、副标题、各级正文等文本内容，在幻灯片中表现为"单击此处添加文本"或"单击此处添加标题"等，通过文本占位符输入文本时只需单击文本占位符，即可将文本插入点定位在其中，直接输入文本即可，如图10-2所示。

◎ **项目占位符**：这类占位符不仅可以输入文本，还能插入表格、图表、SmartArt、图片、剪贴画、影片等各种对象。

图10-1 占位符

图10-2 在占位符中输入文本

2. 通过文本框输入文本

除占位符外，还可通过创建文本框在幻灯片任意位置输入文本，其方法为：在【插入】→【文本】组中单击"文本框"按钮，在幻灯片中单击鼠标创建文本框，在其中输入文本即可，如图10-3所示。

 知识提示　占位符可以看作是一种特殊的文本框，它与文本框的不同之处首先在于占位符中往往会显示提示信息，如"单击此处添加文本"等。单击鼠标后这些信息将隐藏，而文本插入点将在其中显示。另外，占位符中的各级文本格式会根据母版中设置的格式而自动显示，这是文本框不具备的功能。

图10-3 创建文本框输入文本的过程

操作技巧

单击"文本框"按钮 A 后，在幻灯片中拖曳鼠标也可创建文本框。通过单击鼠标创建的文本框，其大小可以自动随内容而调整；拖曳鼠标创建的文本框不具备此功能。

3. 通过"大纲"窗格输入文本

在"大纲"窗格中也可输入文本，而且通过这种方式输入文本不但能预览到所有文本内容，还能方便地创建各种级别的文本。在"大纲"窗格中输入和调整文本的方法有如下几种。

◎ 将文本插入点定位到某张幻灯片缩略图的右侧，输入文本，此时输入的文本通常是标题级别。

◎ 在输入文本时，按【Shift+Enter】组合键可实现文本的换行操作。

◎ 输入完标题文本后，根据当前幻灯片版式的情况，按【Ctrl+Enter】组合键可创建副标题、正文，或新建幻灯片。

◎ 将文本插入点定位在非标题级别的文本中，按【Enter】键可换行（副标题）或创建同级别文本段落。

◎ 将文本插入点定位在文本中，按【Tab】键，可将该文本下降一级；按【Shift+Tab】组合键则可将该文本上升一级。

10.1.2 设置文本格式

在幻灯片中，文本的字体、字号、颜色特殊效果等都影响着幻灯片的美观程度，因此可根据需要适当对幻灯片的文本格式进行合理设置。选择文本或段落后，可利用"字体"组和"段落"组的各种参数对文本段落进行设置，如图10-4所示，其中各参数的作用与Word中对应的参数作用完全相同。

图10-4 设置文本格式的参数

操作技巧

若"字体"组和"段落"组中的参数无法满足设置需求，则可单击对应组右下角的"展开"按钮，或在所选的文本上单击鼠标右键，在打开的快捷菜单中选择"字体"或"段落"命令，在打开的"字体"对话框或"段落"对话框中进行更加丰富的设置。

10.1.3 课堂案例1——输入公司简介演示文稿内容

在公司简介演示文稿的幻灯片中通过不同的输入方法，完成文本的输入和设置操作，完成后的部分幻灯片效果如图10-5所示。

素材所在位置　光盘:\素材文件\第10章\课堂案例1\公司简介.pptx
效果所在位置　光盘:\效果文件\第10章\课堂案例1\公司简介.pptx
视频演示　　　光盘:\视频文件\第10章\输入公司简介演示文稿内容.swf

图10-5　公司简介演示文稿中部分幻灯片的参考效果

（1）打开素材文件"公司简介.pptx"演示文稿，单击"大纲"选项卡进入"大纲"窗格，在幻灯片1的缩略图右侧单击鼠标定位文本插入点，输入标题"A科技公司"，按【Ctrl+Enter】组合键，输入副标题"公司简介更改方案"，如图10-6所示。

（2）选择输入的标题文本，在【开始】→【字体】组的"字体"下拉列表框中选择"华文中宋"选项，在"字号"下拉列表框中选择"72"选项，分别单击"加粗"按钮 B 和"文字阴影"按钮 S ，如图10-7所示。

图10-6　输入标题和副标题

图10-7　设置标题格式

（3）选择副标题文本，单击"段落"组中的"文本右对齐"按钮 ，如图10-8所示。

（4）在幻灯片2的缩略图右侧单击鼠标定位文本插入点，输入标题"文化和价值观"，按【Ctrl+Enter】组合键，输入正文"文化"，再按【Enter】键输入正文的另一段落文本"价值观"，如图10-9所示。

图10-8　设置副标题格式

图10-9　输入标题和正文

（5）按相同方法在幻灯片3中输入标题"领导团队"，然后在【插入】→【文本】组中单击"文本框"按钮，如图10-10所示。

（6）在幻灯片3中单击鼠标创建文本框，输入文本内容后，适当拖动文本框右下角的控制点调整其宽度和高度，如图10-11所示。

图10-10 输入标题并插入文本框

图10-11 输入内容

（7）在"大纲"窗格中单击幻灯片4缩略图，在右侧的文本占位符中单击鼠标定位文本插入点，输入内容"其他"，如图10-12所示。

（8）将幻灯片2~4的标题文本格式设置为"黑体、44、加粗"，完成操作，如图10-13所示。

图10-12 在占位符中输入标题

图10-13 设置标题格式

10.2 插入表格和图形对象

在幻灯片中使用文本虽然能够简洁、清晰地表达各种内容，但会略显枯燥，很难引起观众的共鸣。如果在幻灯片中增加一些图形元素，如表格、图片、剪贴画、SmartArt、图表等对象，就能使幻灯片更加生动形象，从而提高观众的兴趣。

在PowerPoint中插入表格和各种图形对象后，可按照在Word中的编辑操作对这些对象进行编辑，下面将重点介绍这些对象的插入或创建方法。

10.2.1 创建表格

在PowerPoint中创建表格有如下几种方法。

◎ **通过功能区创建**：切换到需创建表格的幻灯片，利用【插入】→【表格】组中的"表格"按钮，按照在Word中创建表格的方法进行创建即可。

◎ **通过项目占位符创建**：若当前幻灯片中包含有项目占位符，则可单击该占位符中的"插入表格"按钮，此时将打开"插入表格"对话框，在其中设置表格列数和行数后，单击 确定 按钮即可，如图10-14所示。

图10-14　创建表格的方法

10.2.2 插入图片和剪贴画

PowerPoint中可插入外部图片和内置的剪贴画，适当使用这些对象可以将有些文本描述的内容图像化，从而让观众更容易理解文本表达的含义。

1. 插入图片

在PowerPoint中插入图片的方法有如下几种。

◎ **通过功能区创建**：切换到需插入图片的幻灯片，单击【插入】→【图像】组中的"图片"按钮 ，在打开的"插入图片"对话框中选择图片并插入即可。

◎ **通过项目占位符创建**：若幻灯片中包含有项目占位符，则可单击该占位符中的"插入来自文件的图片"按钮 ，在打开的"插入图片"对话框中选择图片插入即可。

2. 插入剪贴画

在PowerPoint中插入剪贴画的方法有如下几种。

◎ **通过功能区创建**：切换到需插入剪贴画的幻灯片，单击【插入】→【图像】组中的"剪贴画"按钮 ，在打开的"剪贴画"任务窗格中搜索需要的剪贴画并插入即可，方法与在Word中插入剪贴画完全相同。

◎ **通过项目占位符创建**：若幻灯片中包含有项目占位符，则可单击该占位符中的"剪贴画"按钮 ，按上述方法插入即可。

10.2.3 插入SmartArt

在PowerPoint中插入SmartArt的方法为：单击【插入】→【插图】组中的"SmartArt"按钮 ，或在项目占位符中单击"插入SmartArt图形"按钮 ，都将打开"选择SmartArt图形"对话框，按在Word中插入SmartArt的方法，选择所需类型插入，然后根据需要输入所需文本内容即可。

10.2.4 插入图表

在PowerPoint中可以插入图表，同时利用Excel对表格数据进行编辑，已达到修改图表的目的。其具体操作如下。

（1）在【插入】→【插图】组中单击"图表"按钮 ，或在项目占位符中单击"插入图表"

按钮█，在打开的对话框中选择图表类型后确认设置，此时将自动打开Excel 2010，输入数据并拖曳蓝色框线确认图表的数据区域，如图10-15所示。

（2）修改数据区域中的数据内容，完成后关闭Excel，如图10-16所示。

图10-15　确认数据区域

图10-16　修改数据

（3）此时PowerPoint中将显示对应的图表效果，如图10-17所示。

（4）利用功能区中"图表工具"选项卡的参数可对图表样式、布局、格式等进行设置，如果需要重新调整图表数据，可选择图表后，在【图表工具 设计】→【数据】组中单击"编辑数据"按钮█，或在图表上单击鼠标右键，在打开的快捷菜单中选择"编辑数据"命令，如图10-18所示。此时将再次启动Excel，按相同方法编辑数据即可。

图10-17　创建的图表

图10-18　重新编辑图表数据

10.2.5　课堂案例2——丰富公司周年庆典演示文稿

本案例将使用各种对象完善公司周年庆演示文稿中的内容，其中主要包括利用表格显示人员安排情况、利用SmartArt体现庆典流程、利用图片展示庆典时间及地点，完成后的部分幻灯片效果如图10-19所示。

图10-19　公司周年庆演示文稿中部分幻灯片的参考效果

素材所在位置　光盘:\素材文件\第10章\课堂案例2\公司周年庆.pptx、xq.jpg
效果所在位置　光盘:\效果文件\第10章\课堂案例2\公司周年庆.pptx
视频演示　　　光盘:\视频文件\第10章\丰富公司周年庆典演示文稿.swf

（1）打开素材文件"公司周年庆.pptx"演示文稿，选择幻灯片2，单击项目占位符中的"插入表格"按钮　，打开"插入表格"对话框，设置列数为"4"、行数为"5"，单击　确定　按钮，如图10-20所示。

（2）此时可看见插入的表格效果，向下拖曳表格下方边框中间的控制点，增加表格高度，如图10-21所示。

图10-20　设置表格尺寸

图10-21　增加表格高度

（3）通过单击鼠标定位插入点的方法，依次在各单元格中输入表格内容，如图10-22所示。

（4）拖曳鼠标选择所有表格内容，在【表格工具 布局】→【对齐方式】组中单击"垂直居中"按钮　，调整表格内容的对齐方式，如图10-23所示。

图10-22　输入表格内容

图10-23　设置对齐方式

（5）选择幻灯片3，单击项目占位符中的"插入SmartArt图形"按钮　，打开"选择SmartArt图形"对话框，在左侧列表框中选择"流程"选项，在右侧列表框中选择如图10-24所示的类型选项，单击　确定　按钮。

（6）依次在SmartArt各项目中输入对应的文本内容，如图10-25所示。

图10-24　选择SmartArt类型

图10-25　输入内容

（7）选择SmartArt，在【SmartArt工具 设计】→【SmartArt样式】组中单击"更改颜色"按钮，在打开的下拉列表中选择如图10-26所示的颜色选项。

（8）选择幻灯片4，单击项目占位符中的"插入来自文件的图片"按钮，在打开的"插入图片"对话框中双击提供的素材图片"xq.jpg"选项，如图10-27所示。插入该图片。

图10-26　选择颜色

图10-27　选择图片

（9）在图片上拖曳鼠标将图片向左上方适当移动，然后拖曳图片右下角的控制点，放大图片尺寸，如图10-28所示。

（10）保持图片的选择状态，在【图片工具 格式】→【调整】组中单击"更正"按钮，在打开的下拉列表中选择如图10-29所示的选项，完成后保存演示文稿。

图10-28　移动并缩放图片

图10-29　锐化和柔化图片

10.3　插入声音和影片

演示文稿的特别之处，就在于它不仅可以显示一般的文本和图形对象，还能插入并播放多媒体对象，如声音和影片等，使得演示文稿放映时可以呈现出"声形并茂"的效果。下面就介绍如何在PowerPoint中应用声音和影片。

10.3.1　插入声音

在PowerPoint中可插入剪贴画中的音频文件或计算机中的文件，其方法为：切换到需插入声音的幻灯片，在【插入】→【媒体】组中单击"音频"按钮，可打开"剪贴画"任务窗格，在其中单击某个音频对象对应的缩略图即可插入到幻灯片。若单击"音频"按钮下方的下拉按钮，在打开的下拉列表中选择"文件中的音频"选项，则可在打开的对话框中插入计算机中保存的音频文件。

音频插入幻灯片后，会出现 🔊 图标，用户可根据需要移动、缩放图标，也可在"音频工具"的"格式"选项卡中对应该图片的格式进行设置。需要重点注意的是，选择该图标后，可在"音频工具"的"播放"选项卡中对插入的声音进行播放控制，如图10-30所示。

图10-30　设置音频的参数

10.3.2　插入影片

影片是指具有动画性质的图片和视频，前者的代表主要是格式为gif的图片。在PowerPoint中插入影片的方法为：切换到需插入声音的幻灯片，在【插入】→【媒体】组中单击"视频"按钮📹，打开"插入视频文件"对话框，在其中可选择并插入计算机中保存的视频文件，图10-31即为在幻灯片中插入的计算机中保存的视频文件的效果。若单击"视频"按钮📹下方的按钮 ▾，在打开的下拉列表中选择"剪贴画视频"选项，则可在打开的"剪贴画"任务窗格中插入所需的视频对象。

插入视频后，同样可利用"视频工具 播放"选项卡中的参数对视频文件进行播放设置，相关参数的内容和作用与设置音频时的参数大致相同。

图10-31　插入到幻灯片中的视频文件

10.3.3　课堂案例3——制作年终贺卡演示文稿

本例将在年终贺卡演示文稿中插入计算机中保存的音频文件，并对插入后的对象格式和播放参数进行适当设置，完成后的参考效果如图10-32所示。

素材所在位置	光盘:\素材文件\第10章\课堂案例3\年终贺卡.pptx、spring.mps
效果所在位置	光盘:\效果文件\第10章\课堂案例3\年终贺卡.pptx
视频演示	光盘:\视频文件\第10章\制作年终贺卡演示文稿.swf

图10-32　年终贺卡演示文稿的参考效果

（1）打开素材文件"年终贺卡.pptx"，在【插入】→【媒体】组中单击"音频"按钮🔊下方的按钮▼，在打开的下拉列表中选择"文件中的音频"选项，如图10-33所示。

（2）打开"插入音频"对话框，双击提供的音频素材"spring.mp3"选项，如图10-34所示。

图10-33　插入文件中的音频

图10-34　选择音频文件

（3）将插入到幻灯片中的音频图标向下拖曳到文本下方，如图10-35所示。

（4）在【音频工具 播放】→【音频选项】组中单击"音量"按钮🔊，在打开的下拉列表中选择"高"选项，在"开始"下拉列表框中选择"自动"选项，依次单击选择"循环播放，直到停止"复选框和"放映时隐藏"复选框，如图10-36所示。完成本例的操作。

图10-35　移动音频图标

图10-36　设置播放参数

10.4　课堂练习

本次课堂练习将通过创建公司手册演示文稿和设置年度销售总结演示文稿为例，进一步掌握在演示文稿中输入文本和插入各种对象的操作。

10.4.1　创建公司手册演示文稿

1. 练习目标

本练习的目标是在空白演示文稿中应用主题，然后添加幻灯片并输入内容，其中将重点涉及文本的输入以及SmartArt和表格的使用。完成后演示文稿的部分参考效果如图10-37所示。

效果所在位置　　光盘:\效果文件\第10章\课堂练习\公司手册.pptx

视频演示　　　　光盘:\视频文件\第10章\创建公司手册演示文稿.swf

图10-37 公司手册演示文稿中部分幻灯片的参考效果

2. 操作思路

本练习首先需要为空白的演示文稿应用主题样式，然后输入文本并插入SmartArt和表格对象，具体操作思路如图10-38所示。

① 应用主题　　　② 输入文本　　　③ 插入SmartArt　　　④ 创建表格

图10-38 公司手册演示文稿的创建思路

（1）启动PowerPoint 2010，为自动创建的空白演示文稿应用"模块"主题样式。

（2）新建3张幻灯片，利用"大纲"窗格输入各张幻灯片的标题、副标题和正文内容。

（3）在幻灯片3中插入SmartArt，类型为"半圆组织结构图"，通过文本窗格添加对象，并输入各项目的文本，然后调整"总经理"项目下对象的布局效果为"标准"。

（4）在幻灯片4中创建5行4列的表格，依次输入表格内容，将对齐方式设置为"水平居中、垂直居中"，样式应用为"中度样式3-强调1"。

10.4.2 设置年度销售总结演示文稿

1. 练习目标

本练习的目标是通过插入图片、文本框、图表等对象，并适当设置当前演示文稿中的部分幻灯片，进一步完善演示文稿内容，完成后的部分参考效果如图10-39所示。

图10-39 年度销售总结演示文稿中部分幻灯片的参考效果

	素材所在位置	光盘:\素材文件\第10章\课堂练习\年度销售总结.pptx、dt.png
	效果所在位置	光盘:\效果文件\第10章\课堂练习\年度销售总结.pptx
	视频演示	光盘:\视频文件\第10章\设置年度销售总结演示文稿.swf

2. 操作思路

本练习首先需要在幻灯片母版状态下插入图片，然后分别在幻灯片2中插入文本框，在幻灯片3中插入图表，最后对幻灯片5的正文内容进行适当设置。具体操作思路如图10-40所示。

① 设置幻灯片母版

② 插入文本框

③ 插入图表

图10-40　年度销售总结演示文稿的操作思路

（1）打开素材文件"年度销售总结.pptx"，进入幻灯片母版状态，选择左侧窗格中的第3张幻灯片，插入提供的图片"dt.png"，将其移到幻灯片底端居中，应用"柔化边缘矩形"效果，退出母版编辑状态。

（2）在幻灯片2中创建文本框，输入文本内容，将格式设置为"宋体、18、加粗、金色-强调文字颜色5"，然后移到标题右侧。

（3）在幻灯片3中插入图表，类型为"簇状条形图"，修改图表数据区域和具体的数据内容，然后为图表应用"样式34"对应的效果。

（4）在幻灯片5中将正文段落的项目符号样式更改为菱形、段落间距更改为"双倍行距"（提示：在【开始】→【段落】组中进行设置）。

职业素养　　　制作演示文稿应尽量遵循"字不如表、表不如图"的不成文准则，即能用图表达的内容，就用图来展示；能用表格表达的内容，就最好不要用生硬的文字来体现。以便能直观、清晰、简洁地展示内容。

10.5 拓 展 知 识

本章讲解了在PowerPoint中插入多种对象的方法，实际上PowerPoint 2010中还可以快速创建相册型演示文稿，适用于将一组图片快速在演示文稿中使用的情况。在PowerPoint 2010中创建相册的方法为：在【插入】→【图像】组中单击"相册"按钮，此时将打开"相册"对话框，如图10-41所示，利用该对话框即可创建相册。其中部分参数的作用分别如下。

◎ 文件/磁盘(F)... 按钮：单击该按钮，可打开的对话框中添加作为相册的多张图片。

◎ "相册中的图片"列表框：显示已添加的图片选项，选择某个选项后，可利用下方的按钮调整图片顺序或删除图片。

◎ "预览"区：选择列表框中的某个图片选项后，该区域将显示图片内容，同时还可利用下方的多个按钮对图片进行旋转或调整图片对比度和亮度。

◎ "图片版式"下拉列表框：在其中可设置一张幻灯片中显示图片的数量。

◎ "相框形状"下拉列表框：在其中可设置图片边框的形状样式。

◎ "主题"文本框：单击右侧的 ▼ 按钮可选择相册的主题样式。

图10-41 "相册"对话框

10.6 课后习题

（1）打开素材文件"产品展示.pptx"演示文稿，在其中新建幻灯片并添加各产品图片和产品名称。设置后的部分参考效果如图10-42所示。

素材所在位置	光盘:\素材文件\第10章\课后习题\产品展示.pptx、茶具
效果所在位置	光盘:\效果文件\第10章\课后习题\产品展示.pptx
视频演示	光盘:\视频文件\第10章\完善产品展示演示文稿.swf

提示：新建的幻灯片版式应用为"空"。首先插入一张图片，应用"旋转，白色"效果，然后创建文本框，输入对应的名称，格式设置为"华文行楷、28、阴影、深黄-强调文字颜色1-深色25%"，适当旋转文本框。通过复制的方法，更改名称和图片，快速创建其他产品内容。

（2）创建成本核算演示文稿，其中幻灯片2使用SmartArt、幻灯片3中使用表格、幻灯片4中使用图表来表现内容。设置后的部分参考效果如图10-43所示。

| 效果所在位置 | 光盘:\效果文件\第10章\课后习题\成本核算.pptx |
| 视频演示 | 光盘:\视频文件\第10章\创建成本核算演示文稿.swf |

提示：为空白演示文稿应用"迪凯特"主题样式，在"大纲"窗格中输入各幻灯片的标题等内容。SmartArt应用"聚合射线"类型、表格内容居中显示，样式为"浅色样式2-强调1"、图表应用"簇状柱形图"类型。

图10-42 产品展示演示文稿的部分参考效果

图10-43 成本核算演示文稿的部分参考效果

第11章

设置幻灯片切换方式与动画

幻灯片的切换方式与动画效果使得演示文稿在放映时具有了生动活泼的动态效果，因此这是PowerPoint最具特点的功能之一。本章将详细讲解为幻灯片添加切换方式和动画效果的各种方法，包括添加幻灯片切换方式、计时切换、设置动画效果、高级动画设置、动画计时设置等内容。

✳ 学习要点

◎ 设置幻灯片切换方式
◎ 设置幻灯片动画效果

✳ 学习目标

◎ 掌握为幻灯片添加与设置切换方式的操作
◎ 熟悉幻灯片计时切换的方法
◎ 了解幻灯片动画的不同类型
◎ 掌握为幻灯片中的对象添加与设置动画效果的操作
◎ 熟悉高级动画的设置方法
◎ 熟悉动画计时设置的操作

11.1 设置幻灯片切换方式

幻灯片切换方式是指在放映演示文稿时，一张幻灯片到下一张幻灯片之间的过渡效果。适当设置幻灯片切换方式，可使放映演示文稿时，幻灯片之间的衔接更加自然、生动有趣，从而提高了演示文稿的观赏性。

11.1.1 设置切换效果

PowerPoint提供了大量的切换效果以供使用，并能根据需要对这些切换效果进行适当调整，下面分别介绍这些方法的实现操作。

1. 添加切换效果

为幻灯片添加切换效果的方法为：选择幻灯片，在【切换】→【切换到此幻灯片】组的"切换效果"下拉列表框中选择某个选项即可。图11-1所示即为幻灯片1添加"溶解"切换效果的过程，幻灯片应用了某种切换效果后，其缩略图上将显示 图标。换句话说，凡是缩略图上显示此图标的幻灯片，就表示其应用了某种切换效果。

图11-1 为幻灯片添加切换效果

2. 调整切换效果

根据需要，可对幻灯片的切换效果进行适当调整，其方法为：选择添加了切换效果的幻灯片，在"【切换】→【切换到此幻灯片】组中单击"效果选项"按钮 ，在打开的下拉列表中选择所需的效果选项即可。图11-2所示为将"推进"切换方式从"自底部"调整为"自左侧"的效果。

图11-2 调整"推进"切换效果

知识提示　不同的切换效果有不同的调整方式，但操作方法是相同的。另外，有些切换效果不具备调整功能，使用该效果时，"效果选项"按钮 呈不可用状态。

11.1.2 计时切换

为幻灯片添加了切换效果后，还可根据需要为该切换效果设置切换时的声音、触发切换效

果的操作、切换时的持续时间等参数，其方法为：选择添加了切换效果的幻灯片，在【切换】
→【计时】组中进行设置即可，如图11-3所示。其中各参数的作用分别如下。

◎ "声音"下拉列表框：设置切换时产生的声音
  效果。

◎ "持续时间"数值框：设置切换效果的持续时
  间，默认为1秒。

图11-3 设置切换效果的参数

◎ 全部应用 按钮：当为某张幻灯片添加了切换效
  果，或对切换效果进行设置后，单击该按钮，可快速将设置的效果应用到演示文稿中
  的所有幻灯片。

◎ "单击鼠标时"复选框：单击选择该复选框后，放映演示文稿时需通过单击鼠标才能
  触发切换操作并显示切换效果。

◎ "设置自动换片时间"复选框：单击选择该复选框后，放映演示文稿时将根据右侧数
  值框中设置的时间来自动触发切换操作并显示切换效果。

知识提示　　若同时单击选择"单击鼠标时"复选框和"设置自动换片时间"复选框，则演
示文稿放映时会自动切换幻灯片，同时单击鼠标也将触发切换操作。

11.1.3 课堂案例1——为公司介绍演示文稿设置切换效果

为公司介绍演示文稿的所有幻灯片应用"覆盖"切换效果，并设置声音为"风声"、持续
时间为"2秒"、换片方式为"单击鼠标时"，完成后按【F5】键放映并通过单击鼠标切换演
示文稿。本案例设置后的部分幻灯片效果如图11-4所示。

素材所在位置　光盘:\素材文件\第11章\课堂案例1\公司介绍.pptx
效果所在位置　光盘:\效果文件\第11章\课堂案例1\公司介绍.pptx
视频演示　　　光盘:\视频文件\第11章\为公司介绍演示文稿设置切换效果.swf

图11-4 公司简介演示文稿中部分幻灯片的参考效果

（1）打开素材文件"公司介绍.pptx"演示文稿演示文稿，在【切换】→【切换到此幻灯片】
　　组的"切换效果"下拉列表框中选择"覆盖"选项，如图11-5所示。

（2）继续在"计时"组中单击"声音"下拉列表框右侧的下拉按钮 ，在打开的下拉列表中
　　选择"风声"选项，如图11-6所示。

图11-5　选择切换效果

图11-6　设置切换声音

（3）在"持续时间"数值框中输入"2"，设置切换效果的持续时间，如图11-7所示。

（4）默认当前的换片方式，单击 全部应用 按钮，如图11-8所示。

图11-7　设置持续时间

图11-8　应用到全部幻灯片

（5）按【F5】键进入演示文稿放映状态，单击鼠标即可切换幻灯片，如图11-9所示。

（6）继续单击鼠标切换下一张幻灯片，当所有幻灯片放映完成后，单击鼠标退出放映状态，如图11-10所示。

图11-9　观看切换效果

图11-10　放映结束

操作技巧　　　在放映演示文稿时，可按【Esc】键随时退出放映状态，而无需每次都必须浏览完所有幻灯片才能退出。

11.2　设置幻灯片动画

幻灯片动画并不是针对幻灯片本身，而是针对幻灯片中的每个对象，通过为不同对象设置不同的动画效果，不仅可以使演示文稿放映时更加形象生动，而且也有助于演讲者更好地进行过程控制。

11.2.1 认识动画效果

PowerPoint提供了多种动画效果，包括进入动画、强调动画、退出动画、动作路径动画。

◎ **进入动画**：这类动画效果主要针对需要在特定时间或特定操作下在幻灯片中显示的对象，如单击鼠标才在幻灯片中显示出某个图表等。

◎ **强调动画**：这类动画效果主要针对对象已经显示在幻灯片中，但需要在特定时间或特定操作下进一步强调该对象。

◎ **退出动画**：这类动画效果主要针对对象已经显示在幻灯片中，需要在特定时间或特定操作下使其消失的对象，如单击鼠标将显示在幻灯片中的某个批注形状隐藏。

◎ **动作路径动画**：这类动画效果主要用于控制对象在幻灯片中的移动路径。

11.2.2 设置动画效果

PowerPoint允许为幻灯片中的某个对象或多个对象同时添加动画效果，并可对该效果进行适当调整。

1．添加动画效果

添加动画效果的方法为：选择幻灯片中的一个对象或多个对象，在【动画】→【动画】组的"动画效果"下拉列表框中选择某个选项即可。如图11-11所示即为标题占位符添加"波浪形"强调动画的效果。

图11-11 为标题占位符添加动画的过程

操作技巧　　　选择幻灯片中的一个对象或多个对象后，在【动画】→【高级动画】组中单击"添加动画"按钮★，在打开的下拉列表中也可添加所需的动画效果。

2．调整动画效果

与幻灯片切换效果一样，不同的动画效果也可进行不同的调整设置，其方法为：选择添加了动画效果的对象，在【动画】→【动画】组中单击"效果选项"按钮 ，在打开的下拉列表中选择所需的选项即可。根据调整的内容来看，可归纳为以下几种情况。

◎ **调整动画方向**：针对动画效果的方向进行调整，如将"飞入"进入动画的方向从"自左侧"更改为"自右侧"。

◎ **调整动画形状**：针对动画效果的形状进行调整，如将"形状"进入动画的形状从"圆"更改为"方框"。

◎ **调整序列**：针对多段文本对象进行调整，一般包括"作为一个对象""整批发送""按段落"几种选项。"作为一个对象"表示将多段文本看做一个整体来应用动画效果；"整批发送"表示多段文本按段落同时应用动画效果；"按段落"表示多段文本按段落顺序依次应用动画效果。

11.2.3 高级动画设置

为对象添加动画后，可进一步对动画进行管理，从而制作出更加丰富的动画效果。下面分别介绍使用动画窗格、设置触发动画、使用动画刷等知识。

1. 使用动画窗格管理动画

为幻灯片中的对象添加了动画效果后，可在【动画】→【高级】组中单击 动画窗格 按钮，打开动画窗格，如图11-12所示，在其中可对已添加的动画进行管理设置。下面介绍几种常用的设置方法。

◎ **预览动画**：在动画窗格中选择某个动画选项（编号对应幻灯片中添加动画后对象左上方显示的编号），单击 ▶ 播放 按钮即可预览该对象的动画效果。

◎ **删除动画**：选择某个动画选项，按【Delete】键可将动画效果删除。

◎ **调整动画播放顺序**：动画窗格中的编号代表幻灯片中各对象动画的播放顺序。选择某个动画选项后，可单击动画窗格下方的"上移"按钮 ▲ 或"下移"按钮 ▼ 调整其播放顺序。

图11-12　动画窗格

知识提示　　在动画窗格中选择某个动画选项后，单击右侧的下拉按钮 ▾，可在打开的下拉列表中通过选择"效果选项"选项或"计时"选项，在打开的对话框中进一步控制动画的播放效果。

2. 触发动画

触发动画是指设置指定的操作后才能播放对应的动画效果，其设置方法为：在动画窗格中选择某个动画选项，或在幻灯片中选择某个已添加了动画的对象，单击【动画】→【高级动画】组中的 触发 按钮，在打开的下拉列表中选择"单击"选项，在打开的子列表中选择触发的对象即可，如图11-13所示。

图11-13　设置触发动画

3. 使用动画刷

动画刷可实现快速为不同对象应用相同动画效果的目的，从而提高动画设置的操作效率，其使用方法为：为某个对象添加并设置好动画效果后，选择该对象，然后单击【动画】→【高级动画】组中的 动画刷 按钮，此时鼠标光标将变为 形状，在需要应用动画的对象上单击鼠标即可，如图11-14所示。

图11-14 使用动画刷的过程

操作技巧　　若需要为多个对象应用相同的动画效果，则可双击 动画刷 按钮，依次单击其他对象即可，当需要退出动画刷状态时，按【Esc】键或再次单击 动画刷 按钮。

11.2.4 动画计时设置

为幻灯片对象添加了动画效果后，还可根据需要为该动画效果设置持续时间、延迟时间等参数，其方法为：选择添加了动画效果的对象，在【动画】→【计时】组中进行设置即可，如图11-15所示。其中各参数的作用分别如下。

◎ "开始"下拉列表框：设置动画效果的开始时间，包括单击时、与上一动画同时、上一动画之后等3种选项。

◎ "持续时间"数值框：设置动画效果的持续时间。

◎ "延迟"数值框：设置动画效果播放的延迟时间。

图11-15 设置计时动画

◎ "对动画重新排序"栏：其中的按钮与动画窗格中的"上移"按钮 和"下移"按钮 的作用相同。

11.2.5 课堂案例2——设置项目可行性报告演示文稿动画

利用添加、设置动画效果，使用动画刷等多种操作，为项目可行性报告演示文稿中幻灯片的对象添加各种类型的动画。本案例设置后的部分幻灯片效果如图11-16所示。

素材所在位置　光盘:\素材文件\第11章\课堂案例2\项目可行性报告.pptx
效果所在位置　光盘:\效果文件\第11章\课堂案例2\项目可行性报告.pptx
视频演示　　　光盘:\视频文件\第11章\设置项目可行性报告演示文稿动画.swf

图11-16 项目可行性报告演示文稿中部分幻灯片的参考效果

（1）打开素材文件"项目可行性报告.pptx"演示文稿，选择幻灯片1中的标题占位符，在【动画】→【高级动画】组中单击"添加动画"按钮★，在打开的下拉列表中选择"进入"栏下的"形状"选项，如图11-17所示。

（2）在【动画】→【动画】组中单击"效果选项"按钮，在打开的下拉列表中选择"形状"栏下的"菱形"选项，如图11-18所示。

图11-17 添加进入动画

图11-18 设置动画效果选项

（3）用相同的方法为幻灯片1中的副标题占位符添加"飞入"进入动画，如图11-19所示。

（4）选择幻灯片2中的标题占位符，在【动画】→【高级动画】组中单击"添加动画"按钮★，在打开的下拉列表中选择"更多强调效果"选项，如图11-20所示。

图11-19 添加进入动画

图11-20 添加强调动画

（5）打开"添加强调效果"对话框，在"温和型"栏中选择"闪现"选项，单击 确定 按钮，如图11-21所示。

（6）选择幻灯片3中的标题占位符，在【动画】→【高级动画】组中单击"添加动画"按钮★，在打开的下拉列表中选择"更多进入效果"选项，如图11-22所示。

图11-21 选择强调动画

图11-22 添加进入动画

（7）打开"添加进入效果"对话框，在"华丽型"栏下选择"挥鞭式"选项，单击 确定 按钮，如图11-23所示。

（8）选择幻灯片3中的标题占位符，在【动画】→【高级动画】组中单击 动画刷 按钮，当鼠标光标变为 形状时，单击幻灯片3的文本占位符复制动画，如图11-24所示。

图11-23 选择进入动画

图11-24 复制动画

（9）继续在【动画】→【计时】组的"开始"下拉列表中选择"上一动画之后"选项，在"持续时间"数值框中输入"2"，如图11-25所示。

（10）为幻灯片4的标题占位符设置"弹跳"进入动画，为文本占位符设置"劈裂"进入动画，然后在【动画】→【高级动画】组中单击 动画窗格 按钮，打开动画窗格，单击其中的"展开"按钮，如图11-26所示。

图11-25 设置动画播放条件和持续时间

图11-26 添加进入动画并打开动画窗格

（11）选择动画窗格中编号为"3"的动画选项，单击下方的"上移"按钮 将其调整到编号为"2"的动画选项上方，然后关闭动画窗格，如图11-27所示。

（12）选择幻灯片5中的表格，在【动画】→【高级动画】组中单击"添加动画"按钮 ，在打开的下拉列表中选择"更多退出效果"选项，如图11-28所示。

图11-27 调整动画播放顺序

图11-28 添加退出动画

（13）打开"添加退出效果"对话框，在"基本型"栏中选择"十字形扩展"选项，单击 确定 按钮，如图11-29所示。

（14）用相同方法为幻灯片5中的标题占位符添加"空翻"退出动画，如图11-30所示。

图11-29 选择退出动画

图11-30 选择退出动画

（15）选择幻灯片6中的文本占位符，在【动画】→【高级动画】组中单击"添加动画"按钮 ★，在打开的下拉列表中选择"其他动作路径"选项，如图11-31所示。

（16）打开"添加动作路径"对话框，在"直线和曲线"栏中选择"向上弧线"选项，单击 确定 按钮，如图11-32所示。

图11-31 添加动作路径动画

图11-32 选择动作路径动画

（17）打开动画窗格，单击编号为"1"的动画选项右侧的下拉按钮 ，在打开的下拉列表中选择"计时"选项，如图11-33所示。

（18）打开"向上弧线"对话框的"计时"选项卡，在"期间"下拉列表中选择"慢速(3秒)"选项，在"重复"下拉列表中选择"2"选项，单击 确定 按钮完成所有操作，如图11-34所示。

图11-33 设置动画计时

图11-34 设置动画播放时间和重复次数

添加幻灯片切换效果或幻灯片中对象的动画效果时，应以如何更好地过渡幻灯片和展示幻灯片内容为前提条件进行设置，而不能盲目地追求各种华而不实的效果，这样不仅无法精准地体现内容，还容易让观众产生视觉疲劳。

11.3 课堂练习

本次课堂练习将分别为美食推介演示文稿和商务礼仪演示文稿添加幻灯片切换效果和动画效果。通过这两个练习，进一步巩固在演示文稿中添加切换效果和动画效果的操作。

11.3.1 为美食推介演示文稿添加切换效果

1. 练习目标

本练习的目标是为美食推介演示文稿中的各张幻灯片添加切换效果，使每张幻灯片在放映时更加形象和生动。完成后的部分幻灯片参考效果如图11-35所示。

图11-35 美食推介演示文稿中部分幻灯片的参考效果

素材所在位置	光盘:\素材文件\第11章\课堂练习\美食推介.pptx
效果所在位置	光盘:\效果文件\第11章\课堂练习\美食推介.pptx
视频演示	光盘:\视频文件\第11章\为美食推介演示文稿添加切换效果.swf

2. 操作思路

本练习首先为演示文稿中的所有幻灯片设置相同的切换动画、切换声音、切换时间等参数，然后单独为最后一张幻灯片设置不一样的切换效果。具体操作思路如图11-36所示。

① 为幻灯片应用切换效果

② 设置切换效果

③ 更改最后一张幻灯片切换效果

图11-36 美食推介演示文稿的操作思路

（1）打开素材文件"美食推介.pptx"演示文稿，为幻灯片应用"动态内容"栏下的"窗口"切换效果。

（2）设置声音为"收款机"、持续时间为"2秒"、换片方式为"单击鼠标时"，将设置应用到所有幻灯片。

（3）选择最后一张幻灯片，为其应用"细微型"栏下的"淡出"切换效果。

（4）设置声音为"风铃"、持续时间为"1秒"。

（5）按【F5】键放映演示文稿，通过单击鼠标观看每张幻灯片内容，直到退出放映状态。最后保存演示文稿。

11.3.2 为商务礼仪演示文稿添加切换和动画效果

1. 练习目标

本练习的目标是为商务礼仪演示文稿中的各张幻灯片添加切换效果，并为各幻灯片中的每个对象添加动画效果。完成后部分幻灯片的参考效果如图11-37所示。

图11-37　商务礼仪演示文稿中部分幻灯片的参考效果

素材所在位置	光盘:\素材文件\第11章\课堂练习\商务礼仪.pptx
效果所在位置	光盘:\效果文件\第11章\课堂练习\商务礼仪.pptx
视频演示	光盘:\视频文件\第11章\为商务礼仪演示文稿添加切换和动画效果.swf

2. 操作思路

本练习首先为演示文稿中的所有幻灯片设置相同的切换动画，然后利用动画刷为每张幻灯片的标题占位符设置相同的动画效果，最后依次为各张幻灯片中的非标题对象设置不同的动画效果。具体操作思路如图11-38所示。

① 为幻灯片应用切换效果　　② 利用动画刷设置标题动画　　③ 分别设置其他对象动画效果

图11-38　商务礼仪演示文稿的操作思路

（1）打开素材文件"商务礼仪.pptx"演示文稿，为幻灯片应用"细微型"栏下的"随机线条"切换效果，设置声音为"电压"、持续时间为"1秒"、换片方式为"单击鼠标时"，将设置应用到所有幻灯片。

（2）选择幻灯片1中的标题占位符，为其添加"补色"强调动画，设置开始方式为"上一动画之后"、持续时间为"2秒"。

（3）利用动画刷将上一步设置的动画效果应用到其他幻灯片的标题占位符。

（4）为幻灯片1的副标题占位符添加动画效果："进入–形状–菱形、上一动画之后、2秒"。

（5）为幻灯片2的正文占位符添加动画效果："进入–旋转"。

（6）为幻灯片3的正文占位符添加动画效果："进入–缩放–幻灯片中心–整批发送、单击时"。

（7）为幻灯片4的图片对象添加两个动画效果："进入–弹跳、单击'标题1'时触发"、"退出–淡出、上一动画之后"。

（8）为幻灯片4的正文占位符添加动画效果："进入–浮入、上一动画之后"。利用动画窗格将该动画效果调整到倒数第二个播放顺序的位置。

（9）按第（7）步和第（8）步的相同操作，设置幻灯片7⁻11中的图片对象和正文占位符的动画效果。

（10）为幻灯片5和幻灯片6中的正文占位符添加动画效果："进入–浮入、上一动画之后"。

（11）按【F5】键放映演示文稿，通过单击鼠标观看每张幻灯片内容，直到退出放映状态。最后保存演示文稿。

11.4 拓 展 知 识

PowerPoint预设有许多动作路径动画，但实际操作时可能这些对象都无法满足需求，此时可自行定义动作的路径，从而创建出更加丰富的动画效果。自定义动作路径动画的方法为：选择某个对象，在【动画】→【动画】组的"动画效果"下拉列表框中选择"动作路径"栏下的"自定义路径"选项，在幻灯片中单击鼠标绘制所需的路径，完成后双击鼠标即可，如图11–39所示。路径绿色端点为动画起点、红色端点为动画终点。另外，还可按以下几种方法对路径进行进一步编辑。

◎ **移动路径**：选择绘制的路径对象，拖曳鼠标或按键盘上的方向键可对路径的位置进行调整。

◎ **编辑路径**：在路径上单击鼠标右键，在打开的快捷菜单中选择"编辑顶点"命令，此时路径上将显示黑色顶点，拖曳顶点可调整顶点位置；在非顶点的路径上单击鼠标右键，在打开的快捷菜单中选择"添加顶点"命令，才可添加顶点。

图11–39 设置自定义路径动画的过程

11.5 课 后 习 题

（1）打开素材文件"销售策略.pptx"演示文稿，为其中的幻灯片及幻灯片中的各对象添加切换效果和动画效果，完成后按【F5】键观看设置的效果。本演示文稿的部分幻灯片参考效果如图11-40所示。

素材所在位置	光盘:\素材文件\第11章\课后习题\销售策略.pptx
效果所在位置	光盘:\效果文件\第11章\课后习题\销售策略.pptx
视频演示	光盘:\视频文件\第11章\为销售策略演示文稿添加切换和动画效果.swf

提示： 所有幻灯片的切换效果为"立方体-自底部、照相机、1.5秒"。所有副标题占位符和正文占位符的动画效果设置为"进入-翻转式由远及近-按段落、单击时、1秒"。所有SmartArt对象的动画效果设置为"进入-飞入-自底部-逐个、单击时"。

图11-40 销售策略演示文稿中部分幻灯片的参考效果

（2）打开素材文件"项目分析.pptx"演示文稿，通过为"光源"图形对象和标题对象添加动画，设置探照灯动画效果。最终放映出的动画效果如图11-41所示。

素材所在位置	光盘:\素材文件\第11章\课后习题\项目分析.pptx
效果所在位置	光盘:\效果文件\第11章\课后习题\项目分析.pptx
视频演示	光盘:\视频文件\第11章\为项目分析演示文稿设置探照灯动画效果.swf

提示： 该幻灯片中重叠放置有两个标题，一个为白色、一个为黑色，白色标题位于最上层，黑色标题位于下一层，"光源"图形对象位于黑色标题下层。为"光源"依次添加"进入-淡出、单击时、0.5秒""动作路径-向右、上一动画之后、6秒（将路径调整为'光源'能完全穿越标题的宽度）""退出-消失、上一动画之后、1秒"3个动画效果。为白色标题添加"进入-淡出、上一动画之后、1秒"动画效果。

图11-41 探照灯动画放映效果

第12章

放映与输出演示文稿

　　本章将主要讲解放映与控制幻灯片、放映前的设置、打包幻灯片、打印幻灯片等知识。通过相关知识点的学习和若干案例的制作，熟悉并掌握如何设置放映方式、隐藏幻灯片、设置排练计时、设置动作按钮、放映幻灯片、添加标记、打包幻灯片和打印幻灯片的方法。

 学习要点

◎　设置幻灯片放映
◎　控制幻灯片放映过程
◎　打印与发送幻灯片

 学习目标

◎　掌握设置放映方式和隐藏幻灯片的方法
◎　熟悉排练计时的操作
◎　了解设置动作按钮的方法
◎　掌握放映幻灯片、控制幻灯片放映，以及添加标记等操作
◎　熟悉打印与发送幻灯片的各种常见操作

12.1 设置幻灯片放映

在PowerPoint中，放映幻灯片可以由演讲者控制放映，也可根据观众需要自行放映。因此在放映之前，需要进行相应的设置，如设置放映方式、隐藏或显示幻灯片、设置排练计时、设置动作按钮等，从而满足不同场合对放映的不同需求。

12.1.1 设置放映方式

设置幻灯片的放映方式主要包括设置放映类型、放映幻灯片的数量、换片方式和是否循环放映演示文稿等，其具体操作如下。

（1）打开需放映的演示文稿，在【幻灯片放映】→【设置】组中单击"设置幻灯片放映"按钮 。

（2）打开"设置放映方式"对话框，如图12-1所示，在其中即可设置放映类型、放映时是否循环、换片方式等参数，单击 确定 按钮可将所选的放映方式应用到整个文档。

图12-1 设置演示文稿放映方式

1. 设置放映类型

在PowerPoint中有3种放映类型，即演讲者放映方式、观众自行浏览放映方式、在展台浏览放映方式。在"放映类型"栏中单击选择相应的单选项，即可为幻灯片应用对应的放映类型。各类型的作用分别如下。

◎ **演讲者放映**：该方式是PowerPoint默认的放映类型，放映时幻灯片呈全屏显示，如图12-2所示。在整个放映过程中，演讲者具有全部控制权，可以采用手动或自动的方式切换幻灯片和动画，还可对幻灯片中的内容做标记，甚至可以在放映过程中录制旁白。此方式具有很强的灵活性，因此又被称作手动放映方式。

◎ **观众自行浏览**：该方式是一种让观众自行观看幻灯片的放映类型。此类型将在标准窗口中显示幻灯片的放映情况，观众可以通过提供的菜单进行翻页、打印、浏览，但不能单击鼠标进行放映，只能自动放映或利用滚动条进行放映，如图12-3所示，因此又被称作交互式放映方式。

◎ **在展台浏览**：该方式同样以全屏显示幻灯片，与演讲者放映类型下显示的界面相同，但是在放映过程中，除了保留鼠标光标用于选择屏幕对象进行放映外，其他功能将全部失效，终止放映也只能使用【Esc】键。这种类型通常用于展览会场或会议中无人管理幻灯片放映的场合，因此又被称作自动放映方式。

图12-2　演讲者放映方式

图12-3　观众自行浏览方式

2. 设置放映选项

如果需要进行是否循环放映、是否添加旁白、是否播放动画、设置绘图笔的颜色等设置，则需要在"放映选项"栏中单击选择相应的复选框加以设置，各选项的功能如下。

◎ **"循环放映，按ESC键终止"复选框**：可连续地放映演示文稿中的幻灯片。

◎ **"放映时不加旁白"复选框**：可在放映幻灯片时不播放嵌入的解说。

◎ **"放映时不加动画"复选框**：可在放映幻灯片时不播放嵌入的动画。

◎ **"绘图笔颜色"下拉列表框**：单击该下拉列表框右侧的下拉按钮 ，可在打开的下拉列表中选择绘图笔颜色。在放映幻灯片时，可使用该颜色的绘图笔在幻灯片上写字或标记，方法为：在放映幻灯片时，单击鼠标右键，在打开的快捷菜单中选择"指针选项"命令，在打开的子菜单中选择某种绘图笔的样式，此时鼠标光标将变成点状，按住鼠标左键不放，像使用画笔一样在需要着重指出的位置进行拖曳即可画出所需的图形。如图12-4所示即为使用绘图笔添加标记的效果。

◎ **"激光笔颜色"下拉列表框**：单击该下拉列表框右侧的下拉按钮 ，可在打开的下拉列表中选择激光笔颜色。与绘图笔不同，激光笔不会再幻灯片中添加标记，其作用主要是在不影响幻灯片内容的情况下，让观众的注意力快速集中到需要演讲的位置。放映幻灯片时，按住【Ctrl】键并拖曳鼠标即可显示并控制激光笔。图12-5所示即为绿色激光笔的效果。

图12-4　绘图笔效果

图12-5　激光笔效果

3. 设置放映幻灯片的数量

在"放映幻灯片"栏中可设置需要进行放映的幻灯片数量，其中各参数的作用分别如下。

◎ **放映全部幻灯片**：单击选择"全部"单选项，将依次放映演示文稿中所有的幻灯片。

◎ **放映一组幻灯片**：单击选择"从"单选项，可在其后的数值框中输入放映开始和结束的幻灯片对应编号，此后放映时便将依次放映指定的幻灯片。

◎ **自定义放映**：单击选择"自定义放映"单选项，可在其下方的下拉列表框中设置需放映的幻灯片，并可设置为连续或不连续的状态，其中连续状态使用"–"符号，如"3–7"，不连续状态使用英文状态下的"，"分隔，如"2,4,7–9"。

4. 设置换片方式

在"换片方式"栏中可选择幻灯片的切换方式，主要有如下两种情况。

◎ **手动换片**：单击选择"手动"单选项，在演示过程中将通过单击鼠标等方法切换幻灯片及演示动画效果。

◎ **自动换片**：单击选择"如果存在排练时间，则使用它"单选项，演示文稿将按照幻灯片的排练时间自动切换幻灯片和动画，但是如果没有保存排练计时，即使单击选择该单选项，放映时还是以手动方式控制。

12.1.2 隐藏幻灯片

放映幻灯片时，如果只需要放映其中的几张幻灯片，除了可以通过前面介绍的自定义放映来实现外，还可将不放映的幻灯片隐藏起来，需要放映时再重新将其显示。在"幻灯片"窗格中，被隐藏的幻灯片缩略图呈灰色显示，并且其左上角的编号将被一个斜线框包围，表示该幻灯片已隐藏，如图12-6所示。隐藏幻灯片的方法有如下两种。

◎ 在"大纲/幻灯片"窗格中选择需要隐藏的一张或多张幻灯片，在【幻灯片放映】→【设置】组中单击"隐藏幻灯片"按钮。再次单击该按钮可重新将其显示。

◎ 在"大纲/幻灯片"窗格中选择需要隐藏的一张或多张幻灯片，单击鼠标右键，在打开的快捷菜单中选择"隐藏幻灯片"命令，再次选择该命令可重新将隐藏的幻灯片显示出来。

图12-6　隐藏幻灯片后的效果

12.1.3 排练计时

在正式放映幻灯片之前，可预先统计出放映整个演示文稿和放映每张幻灯片所需的大致时间，通过排练计时可以使演示文稿自动按照设置好的时间和顺序进行播放，从而使放映的整个过程不需要人工操作。其方法为：在【幻灯片放映】→【设置】组中单击"排练计时"按钮，进入放映排练状态，放映幻灯片的同时将打开"录制"工具栏，如图12-7所示。幻灯片在人工控制下不断进行切换，同时在"录制"工具栏中进行计时。该工具栏还可进行时间的控制，其中各部分的作用如下。

◎ "**下一项**" **按钮** ➡：单击该按钮可切换到下一个动画或下一张幻灯片。

◎ "**暂停录制**" **按钮** Ⅱ：单击该按钮将暂时停止排练，并打开提示对话框，单击其中的
 继续录制(R) 按钮可继续录制。

◎ 0:00:11 **文本框**：若要指定幻灯片的排练时间，可直接在该文本框中输入时间。

◎ "**重复**" **按钮** ↺：若觉得时间安排得不够充分，可单击
 该按钮重新开始排练。

图12-7 "录制"工具栏

◎ "**信息**" **栏**：位于"录制"工具栏最右侧，显示排练的
 总时间。

知识提示

在排练计时过程中按【Esc】键或排练计时完成后，PowerPoint都将打开提示对
话框，单击 是(Y) 按钮保存排练计时，单击 否(N) 按钮放弃排练计时。

12.1.4 设置动作按钮

在制作幻灯片的过程中可以在幻灯片中设置动作按钮，放映时只要单击设置的动作按
钮，就可以切换到指定的幻灯片或启动其他应用程序，从而方便控制幻灯片的放映过程。
PowerPoint中包含了多种动作按钮，在幻灯片中设置动作按钮的具体操作如下。

（1）在【插入】→【插图】组中单击"形状"按钮🗔，在打开的下拉列表中选择"动作按
 钮"组中的某个按钮选项，如图12-8所示。

（2）在幻灯片中单击鼠标，或拖曳鼠标绘制按钮，在释放鼠标后，都将自动打开"动作设
 置"对话框，如图12-9所示，在其中设置鼠标单击该按钮或定位到按钮时的动作即可。

图12-8 选择动作按钮   图12-9 设置动作

操作技巧

PowerPoint提供的动作按钮大部分具备预设的动作，如"动作按钮：后退或前
一项"按钮的动作默认为"上一张幻灯片"，创建时可选择需要的动作按钮，从而
可避免重新设置动作的麻烦。

12.1.5 课堂案例1——设置销售策略演示文稿放映方式

综合运用设置演示文稿放映类型、隐藏幻灯片、排练计时、设置动作按钮等操作，设置销
售策略演示文稿的放映方式。该演示文稿中部分幻灯片的参考效果如图12-10所示。

素材所在位置　光盘:\素材文件\第12章\课堂案例1\销售策略.pptx
效果所在位置　光盘:\效果文件\第12章\课堂案例1\销售策略.pptx
视频演示　　　光盘:\视频文件\第12章\设置销售策略演示文稿放映方式.swf

图12-10　销售策略演示文稿中部分幻灯片的参考效果

（1）打开素材文件"销售策略.pptx"演示文稿，在【幻灯片放映】→【设置】组中单击"设置幻灯片放映"按钮，如图12-11所示。

（2）打开"设置放映方式"对话框，在"放映类型"栏中单击选择"在展台浏览（全屏幕）"单选项，在"放映选项"栏中单击选择"放映时不加旁白"复选框和"放映时不加动画"复选框，在"换片方式"栏中单击选择"如果存在排练时间，则使用它"单选项，单击 确定 按钮，如图12-12所示。

图12-11　设置幻灯片放映方式

图12-12　设置放映类型、放映选项和换片方式

（3）在"幻灯片"窗格中选择幻灯片10，在【幻灯片放映】→【设置】组中单击"隐藏幻灯片"按钮将其隐藏，继续在该组中单击"排练计时"按钮，如图12-13所示。

（4）进入排练计时状态，确认当前幻灯片排练的时间后，单击"录制"工具栏中的"下一项"按钮，如图12-14所示。

图12-13　隐藏幻灯片

图12-14　排练计时

（5）切换到第2张幻灯片，确认排练时间后，单击"录制"工具栏中的"下一项"按钮，如图12-15所示。

（6）按相同方法继续排练其他幻灯片，当完成第9张幻灯片的排练计时后，按【Esc】键打开提示对话框，单击 是(Y) 按钮，如图12-16所示。

图12-15 排练计时

图12-16 保留时间

（7）选择幻灯片1，在【插入】→【插图】组中单击"形状"按钮，在打开的下拉列表中选择"动作按钮"组中的最后一个选项，如图12-17所示。

（8）在幻灯片中单击鼠标，自动打开"动作设置"对话框的"单击鼠标"选项卡，单击选择"超链接到"单选项，在下方的下拉列表框中选择"幻灯片"选项，如图12-18所示。

图12-17 创建动作按钮

图12-18 设置动作

（9）打开"超链接到幻灯片"对话框，在"幻灯片标题"列表框中选择"2.内容提要"选项，依次单击 确定 按钮，如图12-19所示。

（10）在【绘图工具 格式】→【形状样式】组的"样式"下拉列表框中为动作按钮应用"席位效果-淡紫，强调颜色5"样式，如图12-20所示。

图12-19 选择幻灯片

图12-20 应用样式

（11）在【绘图工具 格式】→【插入形状】组中单击 编辑形状·按钮，在打开的下拉列表中选择"更改形状"选项，然后在打开的子列表中选择"笑脸"选项，如图12-21所示。

（12）适当缩小按钮并将其放置到幻灯片右下角，最后将其复制粘贴到幻灯片2⁻9中即可，如图12-22所示。

图12-21 更改形状

图12-22 复制按钮

12.2 控制幻灯片放映

控制幻灯片放映过程主要是指如何放映幻灯片，如何控制放映，以及如何在放映时添加标记等内容，本节便对这些内容的实现方法进行讲解。

12.2.1 放映幻灯片

幻灯片的放映也包含几个方面的操作，如开始、切换、结束等。另外，自定义放映也属于放映幻灯片的知识范围，下面依次介绍。

1. 开始放映

常用的开始放映幻灯片的方法有如下几种。

◎ 在【幻灯片放映】→【开始放映幻灯片】组中单击"从头开始"按钮，此时将进入幻灯片放映状态，并从演示文稿中的第一张幻灯片开始放映。

◎ 在【幻灯片放映】→【开始放映幻灯片】组中单击"从当前幻灯片开始"按钮，此时将进入幻灯片放映状态，并从演示文稿中当前所选择的幻灯片开始放映。

◎ 按【F5】键，作用与单击"从头开始"按钮相同。

◎ 按【Shift+F5】组合键，作用与单击"从当前幻灯片开始"按钮相同。

◎ 在状态栏右侧单击"幻灯片放映"按钮，作用与按【Shift+F5】组合键相同。

2. 自定义放映

自定义放映是指根据需要选择演示文稿中的某些幻灯片进行放映，其具体操作如下。

（1）在【幻灯片放映】→【开始放映幻灯片】组中单击"自定义幻灯片放映"按钮，在打开的下拉列表中选择"自定义放映"选项。

（2）打开"自定义放映"对话框，单击 新建(N)... 按钮，如图12-23所示。

（3）打开"定义自定义放映"对话框，在"幻灯片放映名称"文本框中可设置此次自定义
放映的名称，选择左侧"在演示文稿中的幻灯片"列表框中的选项，单击 新建(N)... 按钮
将其添加到右侧的"自定义放映中的幻灯片"列表框中，单击 确定 按钮即可，如图
12-24所示。

图12-23 新建自定义放映

图12-24 设置自定义放映幻灯片

操作技巧

若已经创建了多个自定义放映，则可在"自定义放映"对话框中选择某个自定
义放映选项，并利用 编辑(E)... 按钮或 删除(R) 按钮对其进行重新编辑或删除。

12.2.2 控制放映

在放映幻灯片的过程中，可根据需要控制幻灯片放映的过程，这主要体现在放映切换和结
束放映两个方面

1. 放映切换

放映幻灯片的过程中经常会用到切换功能，使用右键菜单或快捷键可轻松控制幻灯片的放
映过程。

◎ **使用右键菜单切换**：在放映幻灯片的过程中，单击鼠标右键，可在打开的快捷菜单中
选择命令来控制放映。其中，"下一张"命令可切换到下一张幻灯片；"上一张"命
令可切换到"上一张"幻灯
片；"定位至幻灯
片"命令可在打开的子菜单中快速定位到演示文
稿中的某张幻灯片，如图12-25所示；选择"自
定义放映"命令可在打开的子菜单中选择某个创
建的自定义放映方式。

◎ **使用快捷键切换**：在放映幻灯片的过程中，
按【PageUp】键、【↑】键、【←】键、
【Backspace】键或【P】键，可切换到上一张幻
灯片；按空格键、【Enter】键、【Page Down】
键、【→】键、【↓】键、【N】键，或单击鼠
标左键可切换到下一张幻灯片。

图12-25 定位到某张幻灯片

2. 结束放映

当最后一张幻灯片放映结束后，系统会在屏幕的正上方提示"放映结束，单击鼠标退

出。"，此时单击鼠标可结束放映。除此以外，还可使用以下任意一种方法结束放映状态。

◎ 按【Esc】键。

◎ 按【-】键。

◎ 按【Ctrl+PauseBreak】组合键。

12.2.3 放映时添加标记

放映幻灯片时，为强调讲解内容，可对幻灯片添加标记，其方法为：在放映过程中，单击鼠标右键，在打开的快捷菜单中选择"指针选项"命令，如图12-26所示，在打开的子菜单中选择相应命令，然后在幻灯片中拖曳鼠标即可添加标记。其中常用命令的作用分别如下。

◎ **箭头**：鼠标光标在放映时呈箭头状态，此时拖曳鼠标不会添加标记。

◎ **笔**：绘图笔状态，拖曳鼠标将添加标记。

◎ **荧光笔**：矩形块状态，此时拖曳鼠标会添加标记，但标记为透明状，不会遮挡幻灯片内容。

◎ **墨迹颜色**：在打开的子菜单中可选择标记颜色。

图12-26　添加标记

知识提示

若添加了标记，幻灯片在放映结束后，会打开提示对话框，单击 保留(K) 按钮将保留标记内容；单击 放弃(D) 按钮则撤销标记。

12.2.4 课堂案例2——放映并控制商务礼仪演示文稿

放映演示文稿，使用多种方法控制放映过程，并利用绘图笔和荧光笔添加标记，最后保留墨迹。该演示文稿中部分幻灯片的参考效果如图12-27所示。

素材所在位置　光盘:\素材文件\第12章\课堂案例2\商务礼仪.pptx

效果所在位置　光盘:\效果文件\第12章\课堂案例2\商务礼仪.pptx

视频演示　　　光盘:\视频文件\第12章\放映并控制商务礼仪演示文稿.swf

图12-27　商务礼仪演示文稿中部分幻灯片的参考效果

（1）打开素材文件"商务礼仪.pptx"演示文稿，在【幻灯片放映】→【设置】组中单击"设置幻灯片放映"按钮，打开"设置放映方式"对话框，在"放映选项"栏中单击选择

"循环放映,按ESC键终止"复选框,并在"绘图笔颜色"下拉列表框中选择"蓝色"选项,然后单击 确定 按钮,如图12-28所示。

(2)按【F5】键从头开始放映幻灯片,在第一张幻灯片中单击鼠标右键,在打开的快捷菜单中选择"下一张"命令,如图12-29所示。

图12-28 设置循环放映和绘图笔颜色

图12-29 利用快捷菜单切换幻灯片

(3)切换到下一张幻灯片后,通过单击鼠标依次观看动画并切换幻灯片,如图12-30所示。

(4)在"男士着装要求"幻灯片上单击鼠标右键,在打开的快捷菜单中选择"定位至幻灯片"命令,在打开的子菜单中选择"9.会面礼仪"命令,如图12-31所示。

图12-30 单击鼠标切换幻灯片

图12-31 快速定位幻灯片

(5)切换到"会面礼仪"幻灯片,单击鼠标显示文本占位符后单击鼠标右键,在打开的快捷菜单中选择"指针选项"命令,在打开的子菜单中选择"笔"命令,如图12-32所示。

(6)拖曳鼠标在"见面程序"文本处添加标记,如图12-33所示。

图12-32 使用绘图笔

图12-33 添加标记

(7)继续单击鼠标右键,在打开的快捷菜单中选择"指针选项"命令,在打开的子菜单中选择"荧光笔"命令,如图12-34所示。

（8）在"介绍"文本处多次拖曳鼠标添加标记，如图12-35所示。

图12-34　使用荧光笔

图12-35　添加标记

（9）再次单击鼠标右键，在打开的快捷菜单中选择"指针选项"命令，在打开的子菜单中选择"箭头"命令，如图12-36所示。

（10）单击鼠标切换到"谢谢大家"幻灯片，按【Esc】键打开提示对话框，单击按钮保留墨迹并退出放映状态，如图12-37所示。

图12-36　使用箭头

图12-37　保留墨迹

12.3　打印与发送幻灯片

幻灯片制作完成后，可通过计算机进行放映观看，还能根据需要将制作好的幻灯片或其中包含的讲义、备注、大纲打印在纸张上。此外，还可以将幻灯片进行发送、发布、打包等操作，从而使幻灯片的内容更容易进行分享使用。

12.3.1　打印幻灯片

打印幻灯片是指将幻灯片中的内容打印到纸张上，其过程主要包括页面设置、打印设置、打印幻灯片等。

1. 页面设置

对幻灯片页面进行设置主要包括调整幻灯片的大小、设置幻灯片编号起始值、更改打印方向等，使之适合各种类型的纸张。页面设置的方法为：打开需打印的演示文稿，在【设计】→【页面设置】组中单击"页面设置"按钮，打开"页面设置"对话框，如图12-38所示，在其中设置好参数后单击　确定　按钮即可。各参数的作用分别如下。

◎ **"幻灯片大小"下拉列表框**：选择预设
的幻灯片大小，具体设置可按实际使用
的纸张大小进行选择。

◎ **"宽度"数值框和"高度"数值框**：自
行设置幻灯片的大小。

◎ **"幻灯片编号起始值"数值框**：设置幻
灯片开始的编号数值，以便打印后根据
编号整理纸张。

图12-38　页面设置

◎ **"方向"栏**：在"幻灯片"栏中可设置幻灯片的页面方向；在"备注、讲义和大纲"
栏中可统一设置备注、讲义、大纲的页面方向。

2. 打印设置与打印幻灯片

打印设置主要是对幻灯片的打印效果进行预览，对打印范围、打印颜色等参数进行设置
的操作。单击【文件】→【打印】命令，在当前界面中即可预览、设置、打印幻灯片，如图
12-39所示。其中部分参数的作用分别如下。

图12-39　预览、设置、打印幻灯片的界面

◎ **"打印"按钮**🖶：当完成打印设置并确认预览效果无误后，可单击此按钮开始打印幻
灯片。

◎ **"份数"数值框**：在其中可设置幻灯片的打印份数。

◎ **"打印机"下拉列表框**：在其中可选择需打印的打印机。

◎ **"打印范围"下拉列表框**：设置幻灯片的打印范围，包括全部幻灯片、当前幻灯片、
自行指定的幻灯片等。若自定义打印范围，则可在下方的"幻灯片"文本框中输入需
要打印的幻灯片编号，如图12-40所示。

◎ **"打印版式"下拉列表框**：在其中可设置幻灯片的打印版式、打印效果等内容，如图
12-41所示。

◎ **"打印顺序"下拉列表框**：当打印份数大于一份时，可在该下拉列表框中设置打印顺
序，具体作用与Word中的打印设置相同。

◎ **"打印颜色"下拉列表框**：在其中可设置幻灯片的打印颜色，包括颜色、灰度、纯黑

白3种选项可供选择。

图12-40　打印范围的可选参数

图12-41　打印版式的可选参数

12.3.2　发送幻灯片

发送幻灯片最常见的操作便是使用电子邮件发送幻灯片和发布幻灯片两种，下面分别介绍实现的方法。

1. 使用电子邮件发送幻灯片

使用电子邮件发送幻灯片可将幻灯片以附件、PDF、XPS、Internet传真等形式，通过电子邮件程序发送到指定的用户邮箱中，其方法为：打开演示文稿，单击【文件】→【保存并发送】命令，在右侧"保存并发送"栏中选择"使用电子邮件发送"选项，在右侧的界面中单击相应的类型按钮，如图12-42所示，并根据向导提示进行发送即可。

图12-42　将幻灯片以各种类型发送到电子邮箱

2. 发布幻灯片

发布幻灯片可以将演示文稿中指定发布的幻灯片分别生成PowerPoint文件，并保存到指定的位置，以便让他人可以使用幻灯片数据，其具体操作如下。

（1）打开演示文稿，单击【文件】→【保存并发送】命令，然后选择右侧的"发布幻灯片"选项，并单击右侧的"发布幻灯片"按钮 。

（2）打开"发布幻灯片"对话框，单击选择需发布的幻灯片对应的复选框，利用 浏览(B)... 按钮指定幻灯片发布的位置，单击 发布(P) 按钮即可，如图12-43所示。

图12-43　发布幻灯片

12.3.3　打包演示文稿

打包演示文稿是指将演示文稿和与之链接的文件复制到指定的文件夹或CD光盘中，但它并不等同于一般的复制操作，复制后的文件夹中还包含PowerPoint Viewer软件，只有应用了该软件，演示文稿才能在其他未安装PowerPoint的计算机中正常放映。打包演示文稿的具体操作如下。

（1）选择【文件】→【保存并发送】命令，然后选择右侧"文件类型"栏中的"将演示文稿打包成CD"选项，并单击右侧的"打包成CD"按钮 。

（2）打开"打包成CD"对话框，单击 复制到文件夹(F)... 按钮可将演示文稿打包到指定的文件夹中，单击 复制到 CD(C) 按钮则可将演示文稿刻录到CD光盘中，这里单击 复制到文件夹(F)... 按钮，如图12-44所示。

（3）打开"复制到文件夹"对话框，在"文件夹名称"文本框中指定文件夹名称，在"位置"文本框中指定打包位置，单击 确定 按钮即可，如图12-45所示。

图12-44　复制到文件夹或CD

图12-45　设置打包文件夹名称和位置

12.3.4　课堂案例3——打包并打印成本核算演示文稿

将成本核算演示文稿打包到桌面上的"成本核算演示文稿"文件夹中，然后将其中第2张幻灯片至第4张幻灯片以灰度方式打印3份。幻灯片打印后的参考效果如图12-46所示。

素材所在位置	光盘:\素材文件\第12章\课堂案例3\成本核算.pptx
效果所在位置	光盘:\效果文件\第12章\课堂案例3\成本核算演示文稿
视频演示	光盘:\视频文件\第12章\打包并打印成本核算演示文稿.swf

图12-46 成本核算演示文稿中部分幻灯片的打印效果

（1）打开素材文件"成本核算.pptx"演示文稿，选择【文件】→【保存并发送】选项，然后选择右侧"文件类型"栏中的"将演示文稿打包成CD"命令，并单击右侧的"打包成CD"按钮🅟，如图12-47所示。

（2）打开"打包成CD"对话框，单击 复制到文件夹(E)... 按钮，如图12-48所示。

图12-47 打包演示文稿

图12-48 复制到文件夹

（3）打开"复制到文件夹"对话框，在"文件夹名称"文本框中输入"成本核算演示文稿"，单击 浏览(B)... 按钮，如图12-49所示。

（4）打开"选择位置"对话框，选择左侧列表框中的"桌面"选项，单击 选择(E) 按钮，如图12-50所示。

图12-49 设置文件夹名称

图12-50 指定文件夹位置

（5）返回"复制到文件夹"对话框，单击 确定 按钮，如图12-51所示。

（6）打开提示对话框，单击 是(Y) 按钮，如图12-52所示。

（7）返回"打包成CD"对话框，单击 关闭 按钮，如图12-53所示。

图12-51 确认打包

图12-52 确认打包

（8）选择【文件】→【打印】选项，在"份数"数值框中输入"3"，在"幻灯片"文本框中输入"2-4"，在"打印颜色"下拉列表框中选择"灰度"选项，单击"打印"按钮📇即可，如图12-54所示。

图12-53 完成打包

图12-54 打印幻灯片

12.4 课堂练习

本次课堂练习将分别设置并放映美食推介演示文稿和发布并打印年度销售总结演示文稿，通过练习进一步巩固并掌握本章所学的知识点。

12.4.1 设置并放映美食推介演示文稿

1. 练习目标

本练习的目标是通过自定义放映、创建动作按钮等操作来熟练管理并控制放映过程。设置后演示文稿中部分幻灯片的参考效果如图12-55所示。

图12-55 美食推介演示文稿中部分幻灯片的参考效果

	素材所在位置	光盘:\素材文件\第12章\课堂练习\美食推介.pptx
	效果所在位置	光盘:\效果文件\第12章\课堂练习\美食推介.pptx
	视频演示	光盘:\视频文件\第12章\设置并放映美食推介演示文稿.swf

2. 操作思路

本练习首先通过自定义放映设置控制放映内容，然后通过创建若干动作按钮来控制放映过程，最后在幻灯片中添加并保留标记。具体操作思路如图12-56所示。

① 自定义放映

② 创建工作按钮

③ 放映并添加标记

图12-56　美食推介演示文稿的操作思路

（1）打开素材文件"美食推介.pptx"演示文稿，创建名称为"创意美食"、内容为"幻灯片5~7"的自定义放映项目。

（2）在幻灯片中创建"上一张"幻灯片"下一张"幻灯片、"第一张"幻灯片和"最后一张"幻灯片动作按钮，调整大小、位置、样式（细微效果–粉红，强调颜色1），然后复制到每张幻灯片中。

（3）放映演示文稿，利用右键菜单切换到"创意美食"自定义放映项目，利用动作按钮控制放映过程。

（4）切换到"真菌烧海参"幻灯片，利用绘图笔添加标记，退出放映状态，保留标记。

12.4.2 发布并打印年度销售总结演示文稿

1. 练习目标

本练习的目标是通过发布和打印年度销售总结演示文稿，熟悉发布过程、页面设置、打印设置等操作。该演示文稿中部分幻灯片打印后的参考效果如图12-57所示。

图12-57　年度销售总结演示文稿中部分幻灯片打印后的参考效果

	素材所在位置	光盘:\素材文件\第12章\课堂练习\年度销售总结.pptx
	效果所在位置	光盘:\效果文件\第12章\课堂练习\年度销售总结
	视频演示	光盘:\视频文件\第12章\发布并打印年度销售总结演示文稿.swf

2. 操作思路

本练习首先将幻灯片2～4发布，然后通过页面设置、打印设置等操作完成指定幻灯片的打印。具体操作思路如图12-58所示。

① 发布幻灯片

② 设置幻灯片大小

③ 打印设置

图12-58　年度销售总结演示文稿的操作思路

（1）打开素材文件"年度销售总结.pptx"演示文稿，发布幻灯片2～4至桌面上。

（2）在"页面设置"对话框中将幻灯片大小设置为"35毫米幻灯片"。

（3）将打印份数设置为"10"、打印范围为幻灯片"2-4"、打印版式需要对幻灯片加框，并根据纸张调整大小、打印顺序为"取消排序"、打印颜色为"灰度"。

（4）预览打印效果并打印幻灯片。

12.5　拓 展 知 识

放映幻灯片时，超链接也是一种有效地控制放映过程的工具，单击超链接后，便可跳转到指定的链接目标幻灯片。下面介绍超链接的几种常用操作。

◎ **添加超链接**：选择需添加超链接的对象，如标题、文本、图片、图形等，在【插入】→【链接】组中单击"超链接"按钮🔗，或在对象上单击鼠标右键，在打开的快捷菜单【超链接】命令，打开"插入超链接"对话框，选择左侧列表框中的"本文档中的位置"选项，在"请选择文档中的位置"列表框中指定链接的幻灯片，单击 确定 按钮即可，如图12-59所示。

图12-59　指定链接目标

◎ **编辑超链接**：在已添加超链接的对象上单击鼠标右键，在打开的快捷菜单中选择"编辑超链接"命令，在打开的对话框中重新指定链接目标即可。

◎ **删除超链接**：在已添加超链接的对象上单击鼠标右键，在打开的快捷菜单中选择"取消超链接"命令。

12.6　课 后 习 题

（1）打开素材文件"投标方案.pptx"演示文稿，通过添加超链接和动作按钮来放映演示文稿并控制放映过程。本演示文稿的部分幻灯片参考效果如图12-60所示。

素材所在位置	光盘:\素材文件\第12章\课后习题\投标方案.pptx
效果所在位置	光盘:\效果文件\第12章\课后习题\投标方案.pptx
视频演示	光盘:\视频文件\第12章\添加超链接和动作按钮控制演示文稿放映.swf

提示: 在第一张幻灯片后新建"目录"幻灯片,文本内容依次为幻灯片3~6的标题。为相应文本添加对应幻灯片的超链接。通过"设计"选项卡新建主题颜色,将超链接和已访问超链接颜色均设置为"白色",创建"动作按钮:第一张"按钮对象,将链接的幻灯片指定为"目录"幻灯片,调整大小、位置并应用"细微效果-青绿,强调颜色3"样式,复制到所有幻灯片。

图12-60 投标方案演示文稿中部分幻灯片的参考效果

（2）打开素材文件"公司手册.pptx"演示文稿,通过放映方式的设置和排练计时,自行放映演示文稿内容,完成后将其打包输出。本演示文稿的部分幻灯片参考效果如图12-61所示。

素材所在位置	光盘:\素材文件\第12章\课后习题\公司手册.pptx
效果所在位置	光盘:\效果文件\第12章\课后习题\公司手册.pptx、公司手册演示文稿
视频演示	光盘:\视频文件\第12章\设置、放映并打包公司手册演示文稿.swf

提示: 设置放映类型为"观众自行浏览""放映时不加旁白""如果存在排练时间,则使用它"。为演示文稿进行排练计时,幻灯片1时间为6秒、其余幻灯片为11秒。将演示文稿中的所有幻灯片打包到D盘下的"公司手册演示文稿"文件夹中。

图12-61 公司手册演示文稿中部分幻灯片的参考效果

（3）将上题中的演示文稿打印3份,颜色为"灰度",采用"幻灯片加框"、"高质量"打印,按"调整"顺序打印所有幻灯片。

第13章

Office组件协同工作

本章将主要讲述Word、Excel、PowerPoint三种Office组件间的交互操作。通过相关知识点的学习和若干案例的操作，可以熟悉并掌握如何在Word中插入Excel图表、表格、PowerPoint幻灯片，在Excel中插入Word文档和PowerPoint幻灯片，以及将PowerPoint幻灯片发送到Word文档等各种操作。

学习要点

◎ Word与其他组件的交互操作

◎ Excel与其他组件的交互操作

◎ PowerPoint与其他组件的交互操作

学习目标

◎ 掌握在Word中调用Excel图表和插入Excel表格的方法

◎ 熟悉在Word中插入PowerPoint幻灯片的方法

◎ 了解将Word文档制作成PowerPoint幻灯片的方法

◎ 熟悉在Excel中插入Word文档和嵌入PowerPoint幻灯片的方法

◎ 掌握将PowerPoint发送到Word文档的方法

13.1 Word与其他组件的交互操作

在Word中不仅可以通过复制粘贴、嵌入等方式使用Excel表格数据和PowerPoint幻灯片，还能将自身内容快速制作成演示文稿。下面介绍在Word中与Excel和PowerPoint数据进行交互使用的方法。

13.1.1 调用Excel图表

利用Word中的"选择性粘贴"功能可以将Excel中的图表对象嵌入到Word文档中，其具体操作如下。

（1）打开需要使用的Excel工作簿，选择其中的图表，按【Ctrl+C】组合键或使用其他方法将其复制到剪贴板中。

（2）切换到需要使用的Word文档，在【开始】→【剪贴板】组中单击"粘贴"按钮下方的下拉按钮，在打开的下拉列表中选择"选择性粘贴"选项。

（3）打开"选择性粘贴"对话框，在"形式"列表框中选择"Microsoft Excel图表对象"选项，单击 确定 按钮，如图13-1所示。

（4）此时Excel图表将作为一种对象以"嵌入型"的方式插入到Word文档中，如图13-2所示，根据需要可按设置图片的方式调整图表的大小和位置。

图13-1 选择性粘贴   图13-2 嵌入的Excel图表

操作技巧　　嵌入图表后，双击图表可在Word中对图表数据进行编辑，方法与在Excel中编辑图表完全相同。如果在"选择性粘贴"对话框中单击选择"粘贴链接"单选项后再嵌入图表，则双击图表后，会自动切换到Excel中对图表进行编辑，链接的图表会同步更新数据。

13.1.2 插入Excel表格

除Excel图表外，Word也可轻松共享Excel表格数据，这样不仅可以避免重新在文档中制作表格的麻烦，还能凭借Excel强大的表格功能，获取更加准确和详细的数据。

1. 直接插入

直接插入的方式是指将Excel中的表格数据直接复制粘贴到Word文档中，该方式可分为"粘贴"和"选择性粘贴"两种情况。

◎ **粘贴**：在Excel中打开工作簿，选择需要复制的单元格区域，按【Ctrl+C】组合键复制所选数据。切换到Word文档中，按【Ctrl+V】组合键执行粘贴操作，Excel表格即被转换成Word表格的形式粘贴到文档中，如图13-3所示。

图13-3 在Word中粘贴Excel表格数据

知识提示　Excel表格粘贴到Word文档后，将失去Excel表格特性，而自动转换成Word表格，因此可按在Word中编辑表格的方法对数据进行设置，但不能按Excel表格进行其特有的各种操作处理。

◎ **选择性粘贴**：如果只需将Excel工作表中的数据复制到文档中编辑，可以在复制后利用"选择性粘贴"选项打开"选择性粘贴"对话框，在"形式"列表框中选择"无格式文本"选项，单击 确定 按钮将只复制文本，不复制格式，如图13-4所示。

图13-4 在Word中无格式粘贴Excel表格数据

2. 插入超链接

插入超链接的方法是指将整个表格所在的Excel文件以超链接的方式插入到Word文档中，其具体操作如下。

（1）在Word文档中的【插入】→【链接】组中单击"超链接"按钮。

（2）打开"插入超链接"对话框，在"链接到"列表框中选择"现有文件或网页"选项，在"查找范围"下拉列表框中选择Excel文件所在的位置，在下方的列表框中选择需链接的Excel文件，在"要显示的文字"文本框中可设置超链接名称，如"课程安排表"，单击 确定 按钮，如图13-5所示。

（3）此时文档中将显示设置的超链接名称，如图13-6所示，按住【Ctrl】键单击该超链接，即可打开对应的Excel文件进行查看和编辑。

图13-5　指定链接目标　　　　　　　　　　　　　图13-6　插入的超链接效果

13.1.3　插入PowerPoint幻灯片

在Word文档中插入PowerPoint幻灯片主要有两种方式，一种是插入制作好的PowerPoint幻灯片；另一种是在Word中新建幻灯片，并根据需要进行编辑。这两种方式都可以通过"对象"对话框来实现。

◎ **插入已有幻灯片**：在Word文档中选择【插入】→【文本】组中单击 对象按钮。打开"对象"对话框，单击"由文件创建"选项卡，通过 浏览(B) 按钮选择需插入的幻灯片，单击 确定 按钮即可，如图13-7所示。双击插入到Word中的幻灯片便可放映幻灯片内容。

图13-7　插入已有幻灯片的过程

操作技巧　　　　在插入的幻灯片上单击鼠标右键，在打开的快捷菜单中选择"'演示文稿'对象"选项，在打开的子菜单中选择"编辑"选项，可在Word中编辑演示文稿；选择"打开"选项，则可打开PowerPoint对幻灯片进行编辑。

◎ **新建幻灯片**：在Word文档中选择【插入】→【文本】组中单击 对象按钮。打开"对象"对话框，单击"新建"选项卡，在"对象类型"列表框中选择"Microsoft PowerPoint 演示文稿"选项，单击 确定 按钮。此时将在Word文档中将插入空白的演示文稿对象，且Word功能区将变为PowerPoint中的功能区，在其中即可直接编辑幻灯片，如图13-8所示。编辑完成后按【Esc】键或单击幻灯片以外的空白区域即可退出PowerPoint编辑状态。

图13-8　新建幻灯片的过程

操作技巧

在"对象"对话框中单击选择"显示为图标"复选框后，插入的对象将以图标的形式显示在文档中。

13.1.4　将Word文档制作成PowerPoint幻灯片

将Word文档制作成PowerPoint幻灯片有一个特定的条件，就是需要先在Word中定义段落的不同大纲级别，这样得到的幻灯片中的标题占位符和正文占位符内容才符合要求。将Word文档制作成PowerPoint幻灯片的方法为：将"发送到Microsoft PowerPoint"按钮📧添加到快速访问工具栏，设置段落的大纲级别，然后单击"发送到Microsoft PowerPoint"按钮📧即可。

13.1.5　课堂案例1——创建电力系统分布演示文稿

在Word中利用提供Excel表格数据，制作电力系统分布演示文稿，要求每张幻灯片显示每个大洲的电力系统分布情况。该演示文稿中部分幻灯片的参考效果如图13-9所示。

素材所在位置　光盘:\素材文件\第13章\课堂案例1\电力系统分布表.xlsx
效果所在位置　光盘:\效果文件\第13章\课堂案例1\电力系统分布.pptx
视频演示　　　光盘:\视频文件\第13章\创建电力系统分布演示文稿.swf

图13-9　电力系统分布演示文稿中部分幻灯片的参考效果

（1）打开素材文件"电力分布表.xlsx"工作簿，拖曳鼠标选择A3:C9单元格区域，在【开始】→【剪贴板】组中单击 复制 按钮，如图13-10所示。

（2）启动Word 2010，在"开始"选项卡"剪贴板"组中单击"粘贴"按钮下方的下拉按钮，在打开的下拉列表中选择"选择性粘贴"选项，如图13-11所示。

图13-10 复制Excel表格

图13-11 选择性粘贴

（3）打开"选择性粘贴"对话框，在"形式"列表框中选择"无格式文本"选项，单击 确定 按钮，如图13-12所示。

（4）此时所选Excel表格数据将以纯文本的形式粘贴到Word文档中，如图13-13所示。

图13-12 以"无格式文本"方式粘贴

图13-13 粘贴的表格数据效果

（5）利用【Enter】键分段文本，然后拖曳段落调整顺序，效果如图13-14所示。

（6）单击【大纲】→【文档视图】组中的"大纲视图"按钮，将"欧洲电力""非洲电力""美洲电力"段落的大纲级别设置为"1级"，如图13-15所示。

图13-14 调整段落顺序

图13-15 设置大纲级别

（7）将各大区段落的大纲级别设置为"2级"，单击"关闭"组中的"关闭大纲视图"按钮
　　 退出大纲视图，如图13-16所示。

（8）单击快速访问工具栏中的下拉按钮　，在打开的下拉列表中选择"其他命令"选项，如
　　图13-17所示。

图13-16　设置大纲级别　　　　　　　图13-17　自定义快速访问工具栏

（9）打开"Word选项"对话框，在"从下列位置选择命令"下拉列表框中选择"不在功能
　　区中的命令"选项，在下方的列表框中选择"发送到Microsoft PowerPoint"选项，单击
　　 添加(A)>> 按钮，如图13-18所示。

（10）确认将所选按钮添加到右侧的列表框中后，单击　确定　按钮，如图13-19所示。

图13-18　添加工具按钮　　　　　　　图13-19　确认添加

（11）在快速访问工具栏中单击"发送到Microsoft PowerPoint"按钮 ，如图13-20所示。

（12）自动创建演示文稿，将其保存为"电力系统分布"即可，如图13-21所示。

图13-20　发送到PowerPoint　　　　　图13-21　保存演示文稿

13.2 Excel与其他组件的交互操作

在Excel中充分使用Word或PowerPoint中的数据，也可提供表格的制作效率，下面介绍在Excel中插入Word文档和嵌入PowerPoint幻灯片的方法。

13.2.1 插入Word文档

在Excel中无论是插入Word文档的普通文本、图形对象，还是表格对象，都可通过复制粘贴的方法快速实现，其具体操作如下。

（1）在Word文档中选择需复制的对象，这里选择表格，按【Ctrl+C】组合键或利用其他方法操作进行复制，如图13-22所示。

（2）打开Excel工作簿，在工作表中选择需粘贴对象所在的起始单元格，按【Ctrl+V】组合键或和用其他方法进行粘贴即可，如图13-23所示。

图13-22 复制Word表格　　　　　　　　图13-23 粘贴表格

 知识提示　　若使用"选择性粘贴"功能，将Word表格以"文本"方式粘贴到Excel中，则数据将丢弃Word中的格式，以纯文本方式插入到Excel的单元格区域中。

13.2.2 嵌入PowerPoint幻灯片

在Excel中可使用"选择性粘贴"功能嵌入PowerPoint幻灯片，其具体操作如下。

（1）打开需使用的PowerPoint演示文稿，在"大纲/幻灯片"窗格中需复制的幻灯片上单击鼠标右键，在打开的快捷菜单中选择"复制"选项，打开Excel工作簿，切换到要嵌入PowerPoint幻灯片的工作表中。

（2）在【开始】→【剪贴板】组中单击"粘贴"按钮下方的下拉按钮 ▾，在打开的下拉列表中选择"选择性粘贴"选项，打开"选择性粘贴"对话框，单击选择"粘贴"单选项，在"方式"列表框中选择"Microsoft PowerPoint 幻灯片 对象"选项，单击 确定 按钮，如图13-24所示。

（3）双击嵌入的演示文稿对象或在嵌入的对象上单击鼠标右键，在打开的快捷菜单中选择"幻灯片 对象"选项，在打开的子菜单中选择"编辑"选项，此时Excel窗口中的功能区将变为PowerPoint的功能区，如图13-25所示，以便对幻灯片进行编辑。完成后单击嵌入对象范围之外的任意区域或按【Esc】键即可退出其编辑状态。

图13-24　选择性粘贴

图13-25　在Excel中编辑幻灯片

知识提示　　　复制幻灯片后，在"选择性粘贴"对话框的"方式"列表框中选择某种图片类型对应的选项，则可将幻灯片以图片方式插入到Excel中。此时的幻灯片不再具有幻灯片属性，而是图片对象。

13.2.3　嵌入对象

嵌入对象是指将Word文档、PowerPoint演示文稿或PowerPoint幻灯片作为对象嵌入到Excel中，其方法为：在Excel表格中选择【插入】→【文本】组中单击"对象"按钮，打开"对象"对话框，执行以下两种操作之一即可嵌入指定的对象。

◎　新建空白对象：在"对象"对话框中单击"新建"选项卡，在"对象类型"列表框中选择需嵌入的对象，单击 确定 按钮，如图13-26所示。

◎　嵌入已有对象：在"对象"对话框中单击"由文件创建"选项卡，通过 浏览(B)... 按钮选择需嵌入的对象，单击 确定 按钮，如图13-27所示。

图13-26　手动新建空白对象

图13-27　直接嵌入已有对象

13.2.4　课堂案例2——创建申领汇总表

本例将在申领汇总表中通过复制Word文档表格和嵌入Word文档对象的方法，完善表格内容。该表格创建前后的参考对比效果如图13-28所示。

素材所在位置　光盘:\素材文件\第13章\课堂案例2\申领汇总表.xlsx、申领汇总表.docx

效果所在位置　光盘:\效果文件\第13章\课堂案例2\申领汇总表.xlsx

视频演示　　　光盘:\视频文件\第13章\创建申领汇总表.swf

图13-28　申领汇总表创建前后的对比效果

（1）打开素材文件"申领汇总表.docx"文档，将鼠标光标移至表格上，单击表格左上角出现的"全选"按钮，然后按【Ctrl+C】组合键复制表格，如图13-29所示。

（2）打开素材文件"申领汇总表.xlsx"工作簿，选择A3单元格，单击【开始】→【剪贴板】组中的"粘贴"按钮，如图13-30所示。

图13-29　复制Word表格

图13-30　粘贴表格

（3）按住【Ctrl】键，依次单击第3行、第4行、第5行、第18行行号，拖曳任意选择的换行，适当增加行高，如图13-31所示。

（4）选择A19单元格，在【插入】→【文本】组中单击"对象"按钮，如图13-32所示。

图13-31　调整行高

图13-32　插入对象

（5）打开"对象"对话框，单击"新建"选项卡，在"对象类型"列表框中选择"Microsoft Word 文档"选项，单击 确定 按钮，如图13-33所示。

（6）在创建的文档对象中输入所需的文本内容，如图13-34所示。

图13-33　新建空白Word文档

图13-34　输入内容

（7）拖动Word对象右边框中间的控制点，增加宽度，使每段文本呈一行显示，然后选择文档中的所有文本，在【开始】→【字体】组中单击"展开"按钮 ，如图13-35所示。

（8）打开"字体"对话框，在"中文字体"下拉列表框中选择"楷体"选项，单击 确定 按钮，如图13-36所示。

图13-35　调整Word文档宽度

图13-36　设置字体

（9）按【Esc】键退出Word编辑状态，重新选择Word对象，在【绘图工具 格式】→【形状样式】组中单击 形状轮廓 下拉按钮，在打开的下拉列表中选择"无轮廓"选项，如图13-37所示。

（10）利用方向键适当将Word对象向右和向下移动，保存表格即可，如图13-38所示。

图13-37　取消轮廓

图13-38　微调Word对象位置

13.3 PowerPoint与其他组件的交互操作

在PowerPoint中也可通过复制粘贴的方法或使用"对象"对话框的方法使用Word或Excel中的数据，且使用方法是完全相同的，这里不再重复介绍。下面将重点讲解将PowerPoint幻灯片发送到Word文档的方法。

13.3.1 将PowerPoint幻灯片发送到Word文档

Word文档可以发送到PowerPoint幻灯片中，同样，PowerPoint幻灯片也能发送到Word文档中，发送前需要将"使用Microsoft Word创建讲义"按钮 添加到快速访问工具栏中，方法与在Word中添加"发送到Microsoft PowerPoint"按钮 相似。添加后即可单击该按钮，打开"发送到Microsoft Word"对话框，在其中设置好版式后单击 确定 按钮发送幻灯片，如图13-39所示。其中各版式对应的单选项的作用分别如下。

◎ **"备注在幻灯片旁"单选项**：单击选中该单选按钮，幻灯片发送到Word文档中后，将显示为"左图右备注"的版式，如图13-40所示。

图13-39 设置发送版式

图13-40 左图右备注

◎ **"空行在幻灯片旁"单选项**：单击选中该单选按钮，幻灯片发送到Word文档中后，将显示为"左图右文"的版式，如图13-41所示。

◎ **"备注在幻灯片下"单选项**：单击选中该单选按钮，幻灯片发送到Word文档中后，将显示为"上图下备注"的版式，如图13-42所示。

图13-41 左图右文

图13-42 上图下备注

◎ **"空行在幻灯片下"单选项**：单击选中该单选按钮，幻灯片发送到Word文档中后，将显示为"上图下文"的版式，如图13-43所示。

◎ **"只使用大纲"单选项**：单击选中该单选按钮，幻灯片发送到Word文档中后，将只显示该幻灯片的文本大纲，如图13-44所示。

图13-43 上图下文　　　　　　　　　　　　　　　图13-44 文本大纲

13.3.2 课堂案例3——创建原材料耗用演示文稿

创建原材料耗用演示文稿，利用Word文档中的表格数据创建相关的表格和图表幻灯片。该演示文稿创建后的参考效果如图13-45所示。

素材所在位置	光盘:\素材文件\第13章\课堂案例3\原材料耗用表.docx
效果所在位置	光盘:\效果文件\第13章\课堂案例3\原材料耗用.pptx
视频演示	光盘:\视频文件\第13章\创建原材料耗用演示文稿.swf

图13-45 原材料耗用演示文稿创建后的效果

（1）启动PowerPoint 2010，在【开始】→【幻灯片】组中单击 版式·下拉按钮 ▼ ，在打开的下拉列表中选择"标题和内容"选项，如图13-46所示。

（2）在"设计"选项卡"主题"组的"样式"下拉列表框中选择"模块"选项，为演示文稿应用主题样式，如图13-47所示。

图13-46 设置版式

图13-47 应用主题

（3）在幻灯片1的标题占位符中输入"原材料耗用表"，如图13-48所示。

（4）打开素材文件"原材料耗用表.docx"文档，选择其中的表格，按【Ctrl+C】组合键复制，如图13-49所示。

图13-48 输入标题

图13-49 复制表格

（5）切换到PowerPoint 2010，将文本插入点定位到文本占位符中，按【Ctrl+V】组合键粘贴表格数据，然后将表格的尺寸放大，如图13-50所示。

（6）选择表格对象，在【表格工具 布局】→【对齐方式】组中单击"垂直居中"按钮，如图13-51所示。

图13-50 粘贴表格

图13-51 设置对齐方式

（7）保持表格的选择状态，在【开始】→【字体】组的"字号"下拉列表框中选择"20"选项，如图13-52所示。

（8）在"幻灯片"窗格中选择幻灯片1缩略图，按【Enter】键新建幻灯片，在标题占位符中输入"原材料耗用对比图",然后单击项目占位符中的"插入图表"按钮，如图13-53所示。

图13-52 设置字号

图13-53 新建幻灯片

(9)打开"插入图表"对话框，在左侧列表框中选择"柱形图"选项，在右侧的"柱形图"栏中选择"簇状柱形图"选项，单击 确定 按钮，如图13-54所示。

(10)切换到幻灯片1，选择表格中的所有数据，按【Ctrl+C】组合键复制，如图13-55所示。

图13-54 选择图表类型

图13-55 复制表格数据

(11)切换到自动打开的Excel 2010中，选择A1:D5单元格区域，选择【开始→【剪贴板】组中"粘贴"按钮下方的下拉按钮，在打开的下拉列表中单击"匹配目标格式"按钮，如图13-56所示。

(12)确认表格数据无误后，关闭Excel 2010，如图13-57所示。

图13-56 粘贴数据

图13-57 关闭Excel

(13)在PowerPoint 2010中切换到幻灯片2，选择其中的图表对象，在【图表工具 布局 】→

【标签】组中单击"数据标签"按钮，在打开的下拉列表中选择"数据标签内"选项，如图13-58所示。

（14）将演示文稿以"原材料耗用"为名进行保存，完成操作，如图13-59所示。

图13-58 显示数据标签

图13-59 保存演示文稿

13.4 课堂练习

本次课堂练习将分别制作公司简介演示文稿和食品销售情况总结文档，综合练习本章所学习的知识点。

13.4.1 制作公司简介演示文稿

1. 练习目标

本练习的目标是利用PowerPoint与Word文档的交互操作制作公司简介演示文稿，通过练习以进一步掌握在PowerPoint中插入Word文档的常用方法。该演示文稿的最终参考效果如图13-60所示。

图13-60 公司简介演示文稿中幻灯片的参考效果

素材所在位置	光盘:\素材文件\第13章\课堂练习\公司简介
效果所在位置	光盘:\效果文件\第13章\课堂练习\公司简介.pptx
视频演示	光盘:\视频文件\第13章\制作公司简介演示文稿.swf

2. 操作思路

本练习首先将通过插入对象的方法在幻灯片2~5中插入提供的不同Word文档素材，并对字体格式进行适当设置。然后通过直接复制粘贴的方法将Word文档中的SmartArt对象粘贴到幻灯片6中，并更改字体格式。具体操作思路如图13-61所示。

① 通过插入对象的方式使用Word文档

② 通过复制粘贴方式使用Word文档

图13-61 公司简介演示文稿的操作思路

（1）打开"公司简介.pptx"演示文稿，选择幻灯片2，通过"插入对象"对话框插入"公司简介1.doc"文档。

（2）双击插入的Word文档，进入Word文档编辑状态，将正文文本设置为"方正姚体"，将SmartArt的文本字体设置为"方正姚体"，单击幻灯片中除图表外的任意区域，返回PowerPoint幻灯片编辑状态。

（3）按相同方法分别在幻灯片3~5中插入"公司简介2.doc""公司简介3.doc""公司简介5.doc"文档，并设置SmartArt的文本字体为"方正姚体"。

（4）打开"公司简介4.doc"文档，选择文档中的组织结构图，单击鼠标右键，在打开的快捷菜单中选择"复制"选项，返回"公司简介.pptx"演示文稿。

（5）选择幻灯片6，单击鼠标右键，在打开的快捷菜单中选择"粘贴"选项，选择SmartArt对象，将其字体格式设置为"方正姚体"。

职业素养　　日常工作中，应养成整理收集各类Office文件的良好习惯，将制作或搜集到的Word文档、Excel表格、PowerPoint幻灯片，按类别、按内容、按日期或按其他依据进行归纳整理，以便日后工作中可以更好地使用这些文件。

13.4.2 编辑食品销售情况总结文档

1. 练习目标

本练习的目标是编辑食品销售情况总结文档，通过练习熟练掌握Word与Excel交互的使用方法。该文档编辑后的参考效果如图13-62所示。

图13-62　食品销售情况总结文档设置后的参考效果

素材所在位置　　光盘:\素材文件\第13章\课堂练习\食品销售情况总结.docx、销售报表.xlsx

效果所在位置　　光盘:\效果文件\第13章\课堂练习\食品销售情况总结.docx

视频演示　　　　光盘:\视频文件\第13章\编辑食品销售情况总结文档.swf

2. 操作思路

本练习需要在Word文档中依次插入Excel工作表对象、Excel图表、超链接。具体操作思路如图13-63所示。

① 插入Excel工作表

② 插入Excel图表

③ 插入超链接

图13-63　食品销售情况总结文档的操作思路

（1）打开"食品销售情况总结.docx"文档和"销售报表.xlsx"工作簿工作簿，在"销售报表.xlsx"工作簿工作簿中切换到"按产品"工作表，选择A7:E33单元格区域，利用快捷键或其他方法复制选择的表格数据区域。

（2）切换至"食品销售情况总结.docx"文档，定位到最后的空白段落，利用"选择性粘贴"功能，将复制的数据以"Microsoft Office Excel工作表 对象"的方式粘贴到文档中。拖曳控制点将对象的宽度调整到与页面宽度相同。

（3）在"销售报表.xlsx"工作簿中切换到"Chart2"工作表，选择其中的图表，然后复制到剪贴板。

（4）切换至"食品销售情况总结.docx"文档，直接粘贴复制的图表，然后调整其宽度。

（5）将文本插入点定位到文档最后一行"详见"文本右侧，插入超链接，链接显示的内容为"全年销售报表"，链接对象为"销售报表.xlsx"工作簿。

13.5　拓 展 知 识

当发现一些幻灯片较为精美适合做背景时，可将其保存为图片并设置为工作表的背景图案，这需要结合PowerPoint、Word、Excel三大组件交互使用来实现，其具体操作如下。

（1）在PowerPoint"幻灯片"窗格中某张幻灯片缩略图上单击鼠标右键，在打开的快捷菜单中选择"复制"选项，如图13-64所示。

（2）切换到Word文档，按【Ctrl+V】组合键粘贴图片，然后在图片上单击鼠标右键，在打开的快捷菜单中选择"另存为图片"选项，如图13-65所示。

图13-64　复制幻灯片

图13-65　粘贴并保存图片

（3）打开"保存文件"对话框，设置图片保存的位置、名称、类型，单击 保存(S) 按钮，如图13-66所示。

（4）切换到Excel工作簿中，在【页面布局】→【页面设置】组中单击"背景"按钮，如图13-67所示。

图13-66　保存图片

图13-67　设置工作表背景

（5）打开"工作表背景"对话框，选择背景图片后，单击 [插入(S)] 按钮，如图13-68所示。

（6）此时幻灯片便将以图片的形式作为Excel工作表的背景，效果如图13-69所示。

图13-68　选择背景图片　　　　　　　　　　　图13-69　背景效果

13.6　课后习题

（1）打开素材文件"文本资料.docx"文档，在大纲视图中设置各段落的大纲级别，然后发送到PowerPoint中，为自动生成的演示文稿应用"时装设计"主题，为幻灯片1应用"标题幻灯片"版式，其余幻灯片应用"标题和内容"版式。

提示： 设置大纲级别时，参照素材文件中对应的级别数字。

（2）打开素材文件"图表数据.xlsx"工作簿，根据其中的A1:B5单元格区域为幻灯片5创建三维饼图，并显示数据标签，格式为"12号、加粗、类别名称、百分比"。

（3）根据"图表数据.xlsx"工作簿中的A7:C11单元格区域为幻灯片6创建堆积圆柱图，删除无用的"系列3"所在列，并删除图表中无用的"2011年"对应的最上方的数据系列。显示数据标签，字号为"12号"。完成上述3题后，演示文稿的最终效果如图13-70所示。

素材所在位置	光盘:\素材文件\第13章\课后习题\文本资料.docx、图表数据.xlsx
效果所在位置	光盘:\效果文件\第13章\课后习题\企业营运能力分析.pptx
视频演示	光盘:\视频文件\第13章\创建企业营运能力分析演示文稿.swf

图13-70　企业营运能力分析演示文稿中部分幻灯片的参考效果

第14章
综合案例

本章将以某商贸公司制定的考勤管理制度为背景，通过Word、Excel、PowerPoint的使用，分别创建出"公司考勤管理制度.docx"文档、"员工考勤表.xlsx"工作簿和"考勤管理制度方案.pptx"演示文稿。通过本案例的制作，再次复习三种软件的基本使用方法，以及它们之间交互使用数据的方法。

学习要点

◎ Word 2010的使用

◎ Excel 2010的使用

◎ PowerPoint 2010的使用

◎ Word、Excel、PowerPoint交互使用数据

学习目标

◎ 掌握在Word中查找与替换数据、应用样式、自定义编号的操作

◎ 掌握Word表格的创建、页眉页脚的添加

◎ 熟悉Word中插入分页符和图片的操作

◎ 掌握Excel中数据的快速填充、公式函数的使用、图表的创建方法

◎ 掌握中演示文稿和幻灯片的基本操作、切换效果与动画的添加

◎ 熟悉幻灯片母版、版式、主题、超链接的使用方法

14.1 实 例 目 标

本案例将首先利用现有的资料制作出"公司考勤管理制度.docx"文档和"员工考勤表.xlsx"工作簿，然后利用这两个文件制作并放映"考勤管理制度方案.pptx"演示文稿。最终效果如图14-1所示。

素材所在位置　光盘:\素材文件\第14章\综合案例\公司考勤管理制度.docx、员工出勤情况.txt
效果所在位置　光盘:\效果文件\第14章\综合案例\公司考勤管理制度.docx、员工出勤表.xlsx⋯
视频演示　　　光盘:\视频文件\第14章\制作公司考勤管理制度.docx.swf⋯⋯

① 公司考勤管理制度文档

② 员工考勤表

③ 考勤管理制度方案演示文稿

图14-1　本案例制作的各文件参考效果

14.2 专 业 背 景

考勤管理是企业事业单位对员工出勤进行考察管理的一种管理制度，通过对员工在某个特定的场所及特定的时间段内的出勤情况进行考查监督，包括上下班、迟到、早退、病假、婚假、丧假、公休、工作时间、加班情况等，来进行员工管理的统筹、安排。

考勤是为维护企业的正常工作秩序，提高办事效率，严肃企业纪律，使员工自觉遵守工作时间和劳动纪律。

不同企业和单位针对自身的情况，考勤管理制度也不尽相同，普遍而言，考勤管理制度的主要内容包括：公司员工考勤管理制度、员工考勤与工作注意事项、员工出勤管理规定员工打卡管理规定、员工出勤及奖励办法、员工考勤和休假管理办法、请假休假管理制度等。

14.3 实 例 分 析

本案例以A商贸有限公司调整考勤管理制度为背景，通过收集原有制度内容来创建新的考勤管理制度文档，然后对当月员工出勤情况的数据进行计算和图表分析。最后综合利用文档和表格数据创建演示文稿，以便给公司领导具体介绍新考勤管理制度的内容。

14.3.1 公司考勤管理制度文档

公司考勤管理制度文档详细地展示了该制度的所有内容和细节，是公司文件的组成部分，这也是首先制作此文档的原因。另外在后期制作演示文稿时，也可根据该文档内容来对比创建幻灯片。制作公司考勤管理制度文档的具体思路如图14-2所示。

图14-2 公司考勤管理制度文档的制作思路

14.3.2 员工考勤表

员工考勤表反映了公司员工的出勤情况以及奖罚情况，同时该表格还能通过图表分析各项出勤比例，不仅能为公司管理员工提供数据支持，也能为后期领导介绍演示文稿时，提供更加直观和具体的内容。制作员工考勤表的具体思路如图14-3所示。

① 输入并设置数据

② 使用公式和函数计算数据

③ 创建图表

图14-3　员工考勤表的制作思路

14.3.3　考勤管理制度方案演示文稿

考勤管理制度方案演示文稿是为了实时地向公司领导和员工讲解并介绍最新考勤管理制度，其结构以公司考勤管理制度文档为基础，辅以员工考勤表中的图表数据，通过简洁、清晰地内容向观众进行放映和演讲。制作考勤管理制度方案演示文稿的具体思路如图14-4所示。

①创建幻灯片

②使用Word和Excel数据

③设置超链接

④ 在母版中创建超链接按钮

⑤ 添加幻灯片切换效果

⑥ 设置幻灯片动画

图14-4　考勤管理制度方案演示文稿的制作思路

14.4　制　作　过　程

下面根据前面对案例的分析，详细介绍具体的制作过程和方法。

14.4.1　制作公司考勤管理制度文档

1．查找与替换文本

假设已经将A商贸有限公司原来的考勤管理制度通过公司网站下载并保存到了Word文档中，且每段文本之间都包含一个空白的段落标记，下面将通过查找与替换的方法将这些空白段落标记一次性删除，其具体操作如下。

（1）打开素材文件“考勤管理制度.docx”文档，在【开始】→【编辑】组中单击 替换 按钮，如图14-5所示。

（2）打开"查找和替换"对话框的"替换"选项卡，单击 更多(M) >> 按钮，如图14-6所示。

图14-5 查找与替换文本

图14-6 使用更多查找功能

（3）在"查找内容"下拉列表框中单击鼠标定位文本插入点，单击 特殊格式(E)· 按钮，在打开的下拉列表中选择"段落标记"选项，如图14-7所示。

（4）继续在"查找内容"下拉列表框和"替换为"下拉列表框中插入段落标记"^p"，单击 全部替换(A) 按钮，在打开的对话框中单击 确定 按钮完成替换，如图14-8所示，关闭对话框即可。

图14-7 查找段落标记

图14-8 替换段落标记

2. 应用样式

删除空白段落标记后，下面为文档的标题段落应用样式，并通过设置和复制格式来快速美化文档，其具体操作如下。

（1）选择第一段文本，在【开始】→【样式】组的"样式"下拉列表框中选择"标题1"选项，并在"段落"组中单击"居中"按钮 ≡，调整段落的对齐方式，如图14-9所示。

（2）选择第二段文本，为其应用"标题"样式，如图14-10所示。

图14-9 应用样式并设置对齐方式

图14-10 应用样式

（3）保持该段落的选择状态，在"剪贴板"组中单击 格式刷 按钮，如图14-11所示。

（4）此时鼠标光标将变为 ▲刂 形状，拖曳鼠标选择"第二部分……"所在段落，为其快速应用相同的格式，如图14-12所示。

图14-11 复制样式

图14-12 应用格式

3. 自定义编号

为保证考勤管理制度的条款编号正确无误，下面将通过自定义编号的形式，让Word自动为段落添加指定的编号，其具体操作如下。

（1）选择"第一部分……"段落下的所有制度段落，单击"段落"组的"编号"按钮 右侧的下拉按钮，在打开的下拉列表中选择"定义新编号格式"选项，如图14-13所示。

（2）打开"定义新编号格式"对话框，在"编号格式"文本框中原文本前后分别输入"第"和"条"，然后在"编号样式"下拉列表框中选择"一，二，三（简）…"选项，单击 确定 按钮，如图14-14所示。

图14-13 自定义编号

图14-14 设置编号格式

（3）保持所选段落的选择状态，拖曳标尺上的"悬挂缩进"滑块至尺度"4"的位置，如图14-15所示。

（4）重新选择编号为"1、""2""3"、的段落，通过调整"首行缩进"滑块和"左缩进"滑块，将段落缩进设置如图14-16所示的效果，然后按【Ctrl+Shift+C】组合键复制格式。

图14-15 调整悬挂缩进

图14-16 调整段落缩进

（5）选择"第八条……"段落上方的两段文本，按【Ctrl+Shift+V】组合键应用复制的格式，如图14-17所示。

（6）选择"第二部分……"段落下方的第一段文本，通过调整"首行缩进"滑块▽将该段落的缩进效果设置为如图14-18所示的位置。

图14-17 复制格式

图14-18 调整首行缩进

（7）利用【Ctrl】键同时选择"第二部分……"段落下方的"请假程序："、"批假权限"、"第三条 请假要求与相应的规定"、"病假"、"事假"段落，单击"段落"组的"编号"按钮▤，为其应用编号样式，如图14-19所示。

（8）利用【Ctrl】键同时选择"第二部分……"段落下方的所有编号为"1、，2、，3、…"样式的段落，再次单击"段落"组的"编号"按钮▤，Word将自动根据前面对应编号的段落调整该段落的格式，如图14-20所示。

图14-19 应用编号格式

图14-20 应用编号格式

4. 创建表格

下面将利用文档中现有的段落文本，快速创建表格并设置表格格式，其具体操作如下。

（1）将"普通员工"段落下的连续12个段落按如图14-21所示进行处理，即原3个段落合并为一个段落，之前利用【Tab】键添加制表符，然后选择处理后的内容。

（2）在【插入】→【表格】组中单击"表格"按钮▦，在打开的下拉列表中选择"插入表格"选项，如图14-22所示。

图14-21 选择文本

图14-22 插入表格

（3）保持创建表格的选择状态，在其上单击鼠标右键，在打开的快捷菜单中选择"自动调整"选项，在打开的子菜单中选择"根据内容调整表格"选项，如图14-23所示。

（4）在【表格工具 设计】→【表格样式】组的"样式"下拉列表框中选择"浅色列表-强调文字颜色3"选项，如图14-24所示。

图14-23　调整表格行列

图14-24　应用表格样式

（5）继续在【开始】→【段落】组中单击"文本右对齐"按钮 ，如图14-25所示。

（6）按相同方法将"部门主管请假…"段落下连续6段文本创建为表格，并设置为相同样式和对齐方式，然后适当调整表格列宽，使其与上一个表格的宽度相同，如图14-26所示。

图14-25　设置对齐方式

图14-26　创建表格

5．插入图片和页眉页脚

下面继续为文档插入图片和页眉页脚，以丰富文档内容，其具体操作如下。

（1）在文档结尾处输入"请假单格式"，按【Enter】键换行，然后利用【插入】→【插图】组中的"图片"按钮 插入提供的图片素材"qjd.jpg"，如图14-27所示。

（2）保持图片的选择状态，在【图片工具 格式】→【图片样式】组的"样式"下拉列表框中选择"居中矩形阴影"选项，然后适当缩小图片尺寸，如图14-28所示。

图14-27　插入图片

图14-28　应用样式并缩小图片

（3）在【插入"选项卡】→【页眉和页脚】组中单击"页眉"按钮，在打开的下拉列表中选择"空白（三栏）"选项，如图14-29所示。

（4）依次在插入的页眉中输入"A商贸有限公司""考勤管理制度"和"人事部监制"，然后单击【页眉和页脚工具 设计】→【导航】组中的"转至页脚"按钮，如图14-30所示。

图14-29 插入页眉　　　　　　　　　　　图14-30 输入页眉内容

（5）【页眉和页脚工具】→【页眉和页脚】组中单击"页码"按钮，在打开的下拉列表中选择"页面底端"选项，并在打开的下拉列表中选择"普通数字2"选项，单击"关闭"组中的"关闭页眉和页脚"按钮，退出页眉页脚编辑状态，如图14-31所示。

图14-31 为页脚添加页码

> **知识提示**
> 单击"页码"按钮，在打开的下拉列表中选择"设置页码格式"选项，可在打开的对话框中设置页码的样式和起始页码的数字。

6. 美化文档内容

完成文档创建后，下面将通过设置字符与段落格式、设置页边距、插入分页符等操作进一步美化文档内容，其具体操作如下。

（1）选择"附：《请假单》"文本，在【开始】→【字体】组中单击"加粗"按钮，如图14-32所示。

（2）利用【Ctrl】键同时选择两个表格上方的段落，通过调整"首行缩进"滑块将所选段落的缩进效果设置为如图14-33所示的位置。

图14-32 加粗文本　　　　　　　　　　　图14-33 调整首行缩进

（3）选择"病事假扣罚标准如下："文本下方的3个连续段落，通过调整"首行缩进"滑块▽
将所选段落的缩进效果设置为如图14-34所示的位置。然后在【开始】→【字体】组中
单击"倾斜"按钮 I 。

（4）在【页面布局】→【页面设置】组中单击"页边距"按钮，在打开的下拉列表中选择
"自定义边距"选项，打开"页面设置"对话框，将"下"数值框中输入"3厘米"，单
击 确定 按钮，如图14-35所示。

图14-34　调整首行缩进并倾斜文本

图14-35　设置页边距

（5）将文本插入点定位到"第二部分"文本左侧，在"页面设置"组中单击 分隔符 下拉按
钮，在打开的下拉列表中选择"分页符"选项，如图14-36所示。

（6）完成文档的设置，保存文档即可，如图14-37所示。

图14-36　插入分页符

图14-37　保存文档

14.4.2　制作员工考勤表

1．输入并设置数据

下面利用收集到的文本数据创建考勤表，并通过输入和设置数据等操作完善表格内容，其
具体操作如下。

（1）打开素材文件"员工出勤情况.txt"，按【Ctrl+A】组合键全选文本，按【Ctrl+C】组合
键复制，如图14-38所示。

（2）启动Excel 2010，选择A3单元格，按【Ctrl+V】组合键粘贴复制的数据，然后分别在A1单元格和A2:Q2单元格区域中输入表格标题和项目等数据，如图14-39所示。

图14-38　复制数据

图14-39　输入标题和项目

（3）选择A1:Q1单元格区域，在【开始】→【对齐方式】组中单击 合并后居中 按钮，如图14-40所示。

（4）在A19单元格中输入"合并"，选择A19:B19单元格区域，按相同方法将其合并，如图14-41所示。

图14-40　合并标题

图14-41　合并单元格区域

（5）选择A1单元格，将字体格式设置为"微软雅黑、20、加粗"，调整行高为"42.00"，如图14-42所示。

（6）选择A2:Q2单元格区域，将字体格式设置为"微软雅黑、10、填充颜色–黄色"，调整行高为"24.00"，如图14-43所示。

图14-42　设置字体格式并调整行高

图14-43　设置字体格式并调整行高

（7）选择A3:G18单元格区域，将字体格式设置为"微软雅黑、10"，对齐方式设置为"居中"，如图14-44所示。

（8）将A3:G3单元格区域的数据加粗，然后选择A19:G19单元格区域，将字体格式设置为"加粗、填充颜色–黄色"，如图14-45所示。

图14-44　设置字体格式和对齐方式　　图14-45　设置字体格式

2. 计算数据

下面将利用表格中创建的数据，完成对员工出勤情况的相关计算，其具体操作如下。

（1）选择C19:G19单元格区域，在编辑栏中输入"=SUM(C4:C18)"，如图14-46所示。

（2）按【Ctrl+Enter】组合键完成函数的计算，如图14-47所示。

图14-46　输入函数　　图14-47　返回结果

（3）在H3单元格中输入"合计"，Excel将自动根据应用相邻单元格格式，如图14-48所示。

（4）选择H4:H19单元格区域，将字体格式设置为"微软雅黑、10"，对齐方式设置为"居中"，如图14-49所示。

图14-48　输入文本　　图14-49　设置字体格式和对齐方式

（5）选择H19单元格，将字体格式设置为"加粗、填充颜色-黄色"，如图14-50所示。

（6）利用【Ctrl】键同时选择表格中所有代表金额的单元格，在"数字"组中单击"展开"按钮，在打开的对话框中选择"分类"列表框的"货币"选项，将小数位数设置为"0"，在"负数"列表框中选择如图14-51所示的选项，单击 确定 按钮。

图14-50　设置字体　　图14-51　设置货币格式

（7）选择H4:H18单元格区域，在编辑栏中输入"=IF(C18+D18+E18+F18+G18=0,¥Q¥2,"，表示若各项出勤次数的和为"0"，则返回全勤奖所在单元格的数值，如图14-52所示。

（8）继续在编辑栏中输入"-SUM(C18*¥B¥2+D18*¥E¥2+E18*¥H¥2+F18*¥K¥2+G18*¥N¥2))"，表示若各项出勤次数的和不为"0"，则依次将各项出勤次数与对应罚款金额相加，从而得到该员工的出勤奖惩结果，如图14-53所示。

图14-52　输入函数

图14-53　输入嵌套函数

（9）按【Ctrl+Enter】组合键完成计算，如图14-54所示。

（10）在H19单元格中输入"=SUM(H4:H18)"，按【Ctrl+Enter】组合键，如图14-55所示。

图14-54　返回结果

图14-55　输入函数

3. 创建图表

下面继续利用表格中的数据创建三维饼图，通过图表反映所有员工各项出勤所占比例情况，其具体操作如下。

（1）将A列至Q列的列宽按内容适当调整，减小整个数据区域的宽度，然后以"员工考勤表"为名保存工作簿，并将Sheet1工作表重命名为"2015-3"，如图14-56所示。

（2）同时选择C3:G3单元格区域和C19:G19单元格区域，在【插入】→【图表】组中单击"饼图"按钮，在打开的下拉列表中选择"三维饼图"选项，如图14-57所示。

图14-56　调整列宽并保存工作簿

图14-57　创建饼图

（3）保持所创建图表的选择状态，在【图表工具 设计】→【图表布局】组的"布局"下拉列表框中选择"布局3"选项，如图14-58所示。

（4）继续在"图表样式"组的"样式"下拉列表框中选择"样式26"选项，如图14-59所示。

图14-58 设置图表布局

图14-59 应用图表样式

（5）将图表移动到表格数据区域的右下侧空白处，并适当调整图表大小，使其刚好覆盖所处的空白区域，如图14-60所示。

（6）在【图表工具 布局】→【标签】组中单击"数据标签"按钮，在打开的下拉列表中选择"其他数据标签选项"选项，如图14-61所示。

图14-60 移动图表并调整大小

图14-61 设置数据标签

（7）打开"设置数据标签格式"对话框，在"标签包括"栏中单击选择如图14-62所示的3个复选框，单击 关闭 按钮。

（8）选择显示的数据标签，将字体格式设置为"微软雅黑、10、加粗"，如图14-63所示。

图14-62 设置数据标签内容

图14-63 设置数据标签格式

（9）在【图表工具 格式】→【形状样式】组中单击 形状效果 下拉按钮，在打开的下拉列表中选择"三维旋转"选项，在打开的子菜单中选择"三维旋转选项"选项，如图14-64所示。

（10）打开"设置绘图区格式"对话框，将"旋转"栏中的"X"和"Y"数值框中的数值分别设置为"180°"和"15°"，单击 关闭 按钮，如图14-65所示。

图14-64 设置三维饼图效果

图14-65 旋转饼图

（11）选择数据标签，然后单独选择每个数据标签，调整其显示位置，如图14-66所示。

（12）选择图表区，在【图表工具 格式】→【形状样式】组中利用 形状填充▾ 下拉按钮和 形状轮廓▾ 下拉按钮将图表的背景颜色和轮廓均设置为"无"，保存工作簿完成操作，如图14-67所示。

图14-66 移动数据标签

图14-67 设置图表区格式

14.4.3 制作考勤管理制度方案演示文稿

1. 创建幻灯片

下面将利用制作的公司考勤管理制度文档为依据，创建考勤管理制度方案演示文稿中的各张幻灯片，其具体操作如下。

（1）启动PowerPoint 2010，在【设计】→【主题】组的"样式"下拉列表框中选择"纸张"选项，并在标题占位符和副标题占位符中输入相应的文本内容，如图14-68所示。

（2）在"幻灯片"窗格中按【Enter】键添加幻灯片，在【开始】→【幻灯片】组中单击 版式▾ 按钮，在打开的下拉列表中选择"两栏内容"选项，如图14-69所示。

图14-68 应用主题并输入标题

图14-69 新建幻灯片并更改版式

（3）在幻灯片2的标题占位符中输入"目录"，在两个项目占位符中输入如图14-70所示的各级文本，其中下级文本利用【Tab】键降级。

（4）在"幻灯片"窗格中按【Enter】键添加幻灯片，在【开始】→【幻灯片】组中单击 版式 下拉按钮，在打开的下拉列表中选择"节标题"选项，如图14-71所示。

图14-70　输入内容

图14-71　新建幻灯片并更改版式

（5）在幻灯片3的标题占位符中输入"第一部分"，在正文占位符中输入"考勤制度"，如图14-72所示。

（6）按相同方法继续添加15张幻灯片，各幻灯片标题和内容以公司考勤管理制度文档中的内容为依据，适当精简提炼。其中，幻灯片9的版式为"节标题"、幻灯片18的版式为"标题幻灯片"，其余幻灯片的版式为"标题和内容"，如图14-73所示。

图14-72　输入内容

图14-73　新建其他幻灯片

2．使用Word和Excel数据

下面将综合使用公司考勤管理制度文档和员工考勤表中的数据，继续完善演示文稿中部分幻灯片的内容，其具体操作如下。

（1）打开"公司考勤管理制度.docx"文档，选择"普通员工"段落下方的表格，在其上单击鼠标右键，在打开的快捷菜单中选择"复制"选项，如图14-74所示。

（2）切换到PowerPoint中，选择幻灯片12对应的缩略图，在项目占位符中单击鼠标右键，在打开的快捷菜单中单击"粘贴选项"栏中的"使用目标样式"按钮，如图14-75所示。

图14-74　复制表格

图14-75　粘贴表格

（3）增加粘贴表格的尺寸，然后选择表格，将字号设置为"20"，并在"段落"组中单击 对齐文本 按钮，在打开的下拉列表中选择"中部对齐"选项，如图14-76所示。

（4）按相同方法将公司考勤管理制度文档中的另一表格复制到幻灯片13，并对其格式进行相同处理，效果如图14-77所示。

图14-76 设置表格格式

图14-77 复制并设置表格

（5）打开"员工考勤表.xlsx"工作簿，选择其中的图表对象，在其上单击鼠标右键，在打开的快捷菜单中选择"复制"选项，如图14-78所示。

（6）切换到PowerPoint，按【Ctrl+V】组合键将图表粘贴到幻灯片17的项目占位符中，将图表字号设置为"18"，并适当向下方移动图例，效果如图14-79所示。

图14-78 复制图表

图14-79 设置图表格式

3. 创建超链接

完成演示文稿内容的创建后，下面将为幻灯片2中的正文添加超链接，同时还将在母版中创建圆角矩形并添加超链接，以便在放映时更好地控制放映过程，其具体操作如下。

（1）切换到幻灯片2，选择"第一部分"文本，在其上单击鼠标右键，在打开的快捷菜单中选择"超链接"选项，如图14-80所示。

（2）打开"插入超链接"对话框，选择"链接到"栏中的"本文档中的位置"选项，在右侧的列表框中选择"3.第一部分"选项，单击 确定 按钮，如图14-81所示。

图14-80 添加超链接

图14-81 指定链接目标

（3）按相同方法为该幻灯片中的其他正文创建超链接，链接目标均为对应的幻灯片，然后在【视图】→【母版视图】组中单击"幻灯片母版"按钮，如图14-82所示。

（4）在"幻灯片"窗格中选择第一张幻灯片母版，然后利用【插入】→【插图】组中的"形状"按钮 绘制一个圆角矩形。在【绘图工具 格式】→【形状样式】组的"样式"下拉列表框中选择"强烈效果–橙色，强调颜色2"选项。适当调整其大小并移动到幻灯片右下角，效果如图14–83所示。

图14–82　创建超链接

图14–83　插入圆角矩形

（5）在圆角矩形上单击鼠标右键，在打开的快捷菜单中选择"编辑文字"选项，在其中输入"目录"，按【Esc】键退出输入状态，如图14–84所示。

（6）按为文本添加超链接的方法为圆角矩形添加超链接，链接目标为"目录"幻灯片，完成后单击 确定 按钮，如图14–85所示。

图14–84　添加文本

图14–85　创建超链接

4. 添加切换方式和动画

下面将为幻灯片添加切换和动画效果，以最终完成演示文稿的制作，其具体操作如下。

（1）退出母版编辑状态，切换到幻灯片1，在【切换】→【切换到此幻灯片】组的"样式"下拉列表框中选择"棋盘"选项，将声音设置为"风声"、持续时间设置为"2.5秒"，单击 全部应用 按钮，如图14–86所示。

（2）利用【Shift】键同时选择标题占位符和副标题占位符，在【动画】→【动画】组的"样式"下拉列表框中选择"飞入"进入动画选项，将效果选项设置为"自左上部"，开始动画设置为"上一动画之后"，持续时间设置为"1"秒，如图14–87所示。

图14–86　添加切换效果

图14–87　添加动画效果

（3）单独选择标题占位符，在"高级动画"组中双击 <kbd>动画刷</kbd> 按钮，如图14-88所示。

（4）为幻灯片3、9、18中的所有占位符，以及其他幻灯片的标题占位符应用相同的动画效果，如图14-89所示。

图14-88 使用动画刷

图14-89 应用动画效果

（5）切换到幻灯片2，利用【Shift】键同时选择两个正文占位符，在"动画"组的"样式"下拉列表框中选择"淡出"进入动画选项，将开始动画设置为"单击时"，如图14-90所示。

（6）利用动画刷为其他幻灯片中未添加动画的对象应用设置的动画效果，如图14-91所示。

图14-90 添加动画效果

图14-91 应用动画效果

（5）再次切换到幻灯片2，在"高级动画"组中单击 <kbd>动画窗格</kbd> 按钮，打开动画窗格，如图14-92所示。

（6）利用【Shift】键同时选择编号为2⁻6的动画选项，在其上单击鼠标右键，在打开的快捷菜单中选择"从上一项之后开始"选项，如图14-93所示。

图14-92 使用动画窗格

图14-93 调整动画开始时间

（7）继续选择编号为3⁻8的动画选项，在其上单击鼠标右键，在打开的快捷菜单中选择"从上一项之后开始"选项，如图14-94所示。

（8）按【F5】键放映幻灯片，查看动画效果和超链接无误后退出放映状态，将演示文稿以"考勤管理制度方案"为名进行保存，如图14-95所示。

图14-94 调整动画开始时间

图14-95 放映并保存演示文稿

14.5 课堂练习

本次课堂练习将分别制作办公行为规范文档和工资发放表格，通过练习巩固Word和Excel两大组件的使用。

14.5.1 制作办公行为规范文档

1. 练习目标

本练习将通过对"办公行为规范"文档的制作，重点练习在Word中编辑文本以及设置文本格式和段落格式的方法，其中主要包括文本的输入与编辑、字体格式的设置以及段落缩进、段落间距、编号应用等内容。该文档的参考效果如图14-96所示。

效果所在位置	光盘:\效果文件\第14章\课堂练习\办公行为规范.docx
视频演示	光盘:\视频文件\第14章\制作办公行为规范文档.swf

图14-96 办公行为规范文档的参考效果

2. 操作思路

本练习将通过手动输入的方式创建文档，然后为文本和段落设置格式，最后添加编号体现文档层次。具体操作思路如图14-97所示。

① 输入文档内容　　② 设置文本和段落格式　　③ 添加编号

图14-97 办公行为规范文档的操作思路

（1）启动Word 2010，结合【Enter】键输入相应的段落文本。

（2）将文档标题的格式设置为"黑体、二号、居中、多倍行距"。

（3）将章名段落文本的格式设置为"黑体、小四、居中、2倍行距"。

（4）将其他条款正文段落的格式设置为"宋体、小四、悬挂缩进3.53字符、多倍行距1.15"，并加粗"第一条、第二条、第三条"文本。

（5）为第二条和第三条条款下面的段落添加"1、2、3…"样式的编号。

（6）在第三条条款下的第1段文本上单击鼠标右键，在打开的快捷菜单中选择"编号"选项，在打开的子菜单中选择"设置编号值"选项，通过打开的对话框将编号设置为重新开始编号。最后保存文档。

14.5.2 制作工资发放表格

1. 练习目标

本练习将通过对"工资发放"表格的制作，重点练习在Excel中输入与填充数据、应用单元格样式、设置数据格式、调整单元格行高和列宽、运用公式和函数输入与计算数据、排序与筛选数据、创建并美化图表等操作。该表格的参考效果如图14-98所示。

| 效果所在位置 | 光盘:\效果文件\第14章\课堂练习\工资发放.xlsx |
| 视频演示 | 光盘:\视频文件\第14章\制作工资发放表格.swf |

图14-98 工资发放表格的参考效果

2. 操作思路

本练习将通过手动输入的方式创建工作簿，然后设置单元格格式并计算数据，最后创建图表分析数据，并通过排序、筛选和汇总数据来管理表格。具体操作思路如图14-99所示。

① 输入、设置并计算数据　　② 创建图表

③ 排序、筛选并汇总数据

图14-99 工资发放表的制作思路

（1）启动Excel 2010，在单元格中输入相应的数据（基本工资与实发工资不用输入）并应用橙色的主题单元格样式。

（2）运用"=IF(B3="A",2000,IF(B3="B",1500,1000))"函数输入不同等级员工的基本工资。

（3）运用"=C3+D3+E3-F3-G3"公式计算员工实发工资。

（4）利用姓名和实发工资数据创建二维柱形图、并设置橙色的样式和形状。

（5）按实发工资降序排列数据。

（6）筛选出实发工资在3000-4000的记录。

（7）汇总出各级别员工的实发工资总和。

14.6 知 识 拓 展

三维饼图是使用率较高的图表类型之一，其数据系列默认是组合在一起的，根据需要可将数据系列进行分离和组合，如图14-100所示即为全部分离和单独分离数据系列的效果。下面介绍几种分离饼图的常用方法。

◎ 当饼图绘图区处于未选择状态时，在任意数据系列上向外拖动鼠标即可分离所有数据系列；向内拖动鼠标可将分离的数据系列重新组合。

◎ 当饼图绘图区处于选择状态时，在某个数据系列上向外拖动鼠标可将其独立分离；向内拖动可将其重新组合到其他数据系列上。

◎ 双击数据系列，在打开的"设置数据系列格式"对话框的"系列选项"界面下可拖动滑块调整数据系列的分离程度。

图14-100 分离饼图数据系列的效果

14.7 课 后 习 题

素材所在位置	光盘:\素材文件\第14章\课后习题\销售统计.docx
效果所在位置	光盘:\效果文件\第14章\课后习题\销售统计.docx销售简报.pptx、销售额.xlsx
视频演示	光盘:\视频文件\第14章\制作销售简报演示文稿.swf

（1）打开"销售统计.docx"文档，为第一段段落应用"标题"样式，为"产品销量"段落和"单价（元）："段落应用"书籍标题"样式。将"产品销量"段落和"单价（元）："段落下的内容分别创建两个表格，并应用"中等深浅底纹1-强调文字颜色4"样式。

（2）创建"销售额.xlsx"工作簿，将上题中的两个表格，以"文本"方式选择性粘贴到A1:E6单元格区域和A8:B13单元格区域。删除A1:E6单元格区域中销量的文本内容，保留数据，通过销量与单价数据，利用公式创建产品各季度的销售额，以及产品合计和季度合计数据。然后利用数据分别创建产品各季度销售额对比图和各季度销售额比例图。

（3）创建"销售简报.pptx"演示文稿，应用"NewsPrint"主题，添加3张幻灯片，利用上两题中表格和图表数据创建幻灯片的内容并适当美化。最后为所有幻灯片应用"传送带、声音-照相机"切换效果，放映并保存演示文稿。制作完成后的演示文稿效果如图14-101所示。

图14-101 销售简报演示文稿中部分幻灯片的参考效果

附 录

项目实训

为了培养学生独立完成工作任务的能力，提高就业综合素质和思维能力，加强教学的实践性，本附录精心挑选了4个综合实训，分别围绕"办公文档制作""电子表格制作""演示文稿制作""Office组件协同使用"这4个主题展开。通过完成实训，使学生进一步掌握和巩固Office软件综合应用的相关知识。

实训1 制作"营销策划书"文档

【实训目的】

通过实训掌握Word文档的输入、编辑、美化、编排，具体要求及实训目的如下。

◎ 灵活运用汉字输入法的使用特点进行文本的输入与修改操作，熟练掌握Word文档的新建、保存、打开、关闭的操作方法。

◎ 熟练掌握文本的复制、移动、删除、插入与改写、查找与替换的操作方法，且总结出快速、高效编辑的方法，并能熟练掌握对文本和段落进行设置的方法，了解长文档的段落格式设置等。

◎ 熟练掌握利用图片、艺术字、SmarArt图形、形状图形、表格等对象对文档进行美化的方法，能够制作出图文并茂的文档效果。

◎ 熟悉并合理运用页面设置、项目符号、编号等对文档页面效果进行编排与打印输出。

【实训实施】

1. 文档录入与编辑：在Word中新建一篇文档，按照收集的资料输入文字，也可直接使用提供的"文本"记事本内容，对文档内容进行查阅，修改错误的内容，并保存至计算机中。

2. 文档格式设置：设置文档的字体、字号、字形、对齐方式、段落缩进、行间距、段间落、项目符号、编号，使文档格式更加美观，并结合格式刷工具统一文档格式。

3. 文档的图文排版：在文档首页插入提供的图片素材，再将文档标题制作成艺术字，最后设置底纹，美化文档。

4. 文档表格的制作与设置：在文档中部分标题下面插入表格并输入表格内容，对表格进行美化设置。

5. 文档的版面设置与编排：设置文档页面大小，添加页眉页脚、插入页码并对设置后的文档进行打印预览。

6. 编排长文档：设置样式并应用于文档的多个标题中，再为文档制作目录。

【实训参考效果】

本实训的部分页面参考效果如附录图1所示，相关素材及参考效果提供在本书配套光盘中。

素材所在位置	光盘:\素材文件\项目实训\实训1\图片.jpg、文本.txt
效果所在位置	光盘:\效果文件\项目实训\实训1\营销策划书.docx

附录图1 "营销策划案"参考效果

实训2 制作"产品库存管理表"电子表格

【实训目的】

通过实训掌握Excel电子表格的制作与数据管理，具体要求及实训目的如下。

◎ 熟练掌握Excel工作簿的新建、保存、打开方法，及工作表的新建和删除等方法。

◎ 熟练掌握输入表格数据，快速输入相同数据和有规律数据，输入特殊格式数据以及插入公式等操作方法。

◎ 熟练运用不同方法对工作表行列和单元格格式进行设置，设置表格边框线与底纹。

◎ 熟练掌握利用公式与函数计算表格数据的方法，得到正确的数据结果。

◎ 熟练掌握表格中数据的排序和筛选操作，以及对表格中的部分数据创建图表的方法。

◎ 能够根据不同的需要打印表格，如横向打印表格等。

【实训实施】

1. 录入和编辑产品入库明细表：输入表格数据，分别设置字体格式、单元格对齐方式，将数值型单元格设置为相应的格式，如货币格式等，对表格添加边框线，为表头设置底纹等。

2. 工作表的操作：通过已制作好的产品入库明细表复制两张工作表，再重命名工作表。

3. 设置工作表行和列：分别在"出库明细表"和"库存汇总表"中删除行和列，调整行高和列宽，并添加需要的数据。

4. 计算和管理表格数据：分别在3个工作表运用公式或函数计算表格中的数据，再对需要的计算结果进行排序和筛选。

5. 分析表格数据：对"库存汇总表"表格中的部分数据区域创建图表，分析表格数据。

6. 打印表格数据：结合需要，打印各个工作表。

附录图2 "产品库存管理表"参考效果

【实训参考效果】

本实训的参考效果如附录图2所示，相关参考效果提供在本书配套光盘中。

效果所在位置 光盘:\效果文件\项目实训\实训2\产品库存管理表.xlsx

实训3 制作"绩效管理"演示文稿

【实训目的】

通过实训掌握PowerPoint演示文稿的制作、美化、放映，具体要求及实训目的如下。

◎ 能够熟练运用不同的方法实现幻灯片的新建、删除、复制、移动等操作。

◎ 熟练掌握编辑幻灯片内容的方法，包括文本的添加与格式设置、图片的插入、图表的插入、图形的绘制与编辑、剪贴画的插入。

◎ 能够通过应用幻灯片模板、母版、配色方案来达到快速美化幻灯片的目的，了解不同场合下演示文稿的配色方案。

◎ 熟练掌握多媒体幻灯片的制作方法，包括添加动画等。

◎ 熟练掌握幻灯片的放映知识，了解在不同场合下放映幻灯片要注意的细节，如怎样快速切换、添加标记等。

【实训实施】

1. 幻灯片的操作：创建演示文稿，在演示文稿中插入多张幻灯片，改变幻灯片的顺序，删除多余的幻灯片。

2. 编辑和美化幻灯片内容：在各张幻灯片中输入相应的文本，对幻灯片文本进行格式设置，添加项目段落文本，在各张幻灯片中插入指定的素材图片并进行编辑，在部分幻灯片中插入剪贴画、艺术字、文本框等对象，丰富幻灯片的内容，使其更为形象、生动。

3. 编辑幻灯片动画和母版：对幻灯片应用一种预设的动画方案，再对部分幻灯片中的对象自定义动画效果和播放顺序，通过编辑幻灯片母版添加统一的侧边和绘制形状图形。

4. 放映演示文稿：对制作的幻灯片进行放映和控制，如添加超连接、定位幻灯片、添加注释等，最后打包演示文稿。

【实训参考效果】

本实训的部分页面参考效果如附录图3所示，相关素材及参考效果提供在本书配套光盘中。

素材所在位置　光盘:\素材文件\项目实训
\实训3

效果所在位置　光盘:\效果文件\项目实训
\实训3\绩效管理.pptx

附录图3　"绩效管理"参考效果

实训4　Office协同实例

【实训目的】

通过实训掌握Word、Excel、PowerPoint之间的协同办公，具体要求及实训目的如下。

◎　能够熟练运用不同的方法实现Office各组件间的数据复制和粘贴操作。

◎　能在各组件中通过插入对象方式嵌入另一组件对象，并掌握添加超链接的方法。

【实训实施】

1. 制作"年终总结"文档：创建Word文档，输入年终总结的内容并进行编辑和美化。

2. 制作"全年销量统计"表格：在Excel中制作"全年销量表"和各季度销量统计图表。

3. 在Word中调用Excel表格：将Excel表格对象插入到Word文档中。

4. 制作"年终总结报告"演示文稿：根据前面制作的Word文档和Excel相关表格，通过调用文档和表格的内容快速制作幻灯片，最后进行放映。

【实训参考效果】

本实训完成后的演示文稿参考效果如附录图4所示，其他相关素材及参考效果提供在本书配套光盘中。

素材所在位置　光盘:\素材文件\项目实训\实训4

效果所在位置　光盘:\效果文件\项目实训\实训4

附录图4　"年终总结报告"参考效果